꿈꾸는
달팽이

지은이 권오길 |

오묘한 생물체계를 체계적으로 안내하며 일반인들에게 대중과학의 친절한 전파자로 신문과 방송에서 활약하고 있는 저자는 경남 산청에서 태어나 진주고교, 서울대 생물학과와 같은 대학원을 졸업했다. 이후 수도여고·경기고교·서울사대부고 교사를 거쳐 강원대학교 생물학과 교수로 재직했으며, 현재 강원대학교 명예교수로 있다. 1994년부터 〈강원일보〉에 '생물이야기'를 비롯해 2009년부터 〈교수신문〉에, 2011년부터 〈월간중앙〉에 칼럼을 연재하고 있다.

청소년을 비롯해 일반인이 읽을 수 있는 생물 에세이를 주로 집필했으며, 글의 일부가 중학교 2학년 국어 교과서('사람과 소나무')와 초등학교 4학년 국어 교과서('지지배배 제비의 노래')가 실리기도 했다.

지은 책으로는 1994년『꿈꾸는 달팽이』를 시작으로『인체기행』『생물의 죽살이』『개눈과 틀니』『손에 잡히는 과학교과서 동물』『흙에도 뭇 생명이』『괴짜 생물이야기』『생명교향곡』'우리말에 깃든 생물이야기' 시리즈 등 40여 권이 있다. 2000년 강원도문화상(학술상), 2002년 한국간행물윤리위원회 저작상, 2003년 대한민국과학문화상, 2016년 동곡상(교육학술 부문) 등을 수상했다.

과학 속에서 삶의 진리 깨우치는
권오길 교수의 생물학 강의

꿈꾸는 달팽이

개정판 10쇄 발행일 2017년 5월 26일
개정판 1쇄 발행일 2002년 2월 20일
초 판 1쇄 발행일 1994년 1월 20일

지은이 권오길
펴낸이 이원중

펴낸곳 지성사 출판등록일 1993년 12월 9일 등록번호 제10-916호
주소 (03408) 서울시 은평구 진흥로1길 4(역촌동 42-13) 2층
전화 (02) 335-5494 팩스 (02) 335-5496
홈페이지 지성사.한국 | www.jisungsa.co.kr 이메일 jisungsa@hanmail.net

ISBN 978-89-7889-100-4 (03470)

잘못된 책은 바꾸어 드립니다. 책값은 뒤표지에 있습니다.

■ 개정판 서문

『꿈꾸는 달팽이』의 개정판 서문을 쓰려고 하니 왠지 측은지심이 든다. 하나는 늙어 가는 내 몸뚱아리 때문이고, 또 하나는 이 책을 첫 책으로 해서 지금까지 9년째 출판 일을 해 오고 있는 내 제자 때문이다.

마음은 한밤중의 올빼미처럼 예리해지는데 몸은 세월을 이겨 내지 못하고 시들어 가서, 급기야는 두 번째 백내장 수술로 눈을 혹사시킨 벌을 받고 있으니 내 자신에 대한 애처로움이 크다. 또, 열 손가락 깨물어 안 아픈 손가락 없다고는 하지만, 잘난 자식들 틈바구니 속에서 재롱을 피워 보겠다고 애쓰는 못난 자식을 바라보는 아비의 마음은 똑같을 수가 없는 것이다. 많은 제자들이 있으나 출판사를 하는 제자는 비오는 날 짚신을 팔러 나가는 자식을 보는 듯해서 더욱 안쓰럽다.

지성사의 첫 책이자 나의 처녀작인 『꿈꾸는 달팽이』가 1994년 1월에 선을 보였는데, 이제 8년간을 독자들과 함께 하다가 거친 글을 다듬고 새로운 치장을 해서 다시 세상에 태어나게 되었다. 출판사에서는 그 동안 내가 쓴 책들을 정리해 세트로 만들고자 하는 모양인데, 나는 사실 거칠면 거친 대로, 촌스러우면 촌스러운 대로 있는 그대로의 모습이 좋다고 생각한다. 어쨌든 이 책은 40여 년의 선생생활과 연구활동의 엑기스가 그대로 녹아든 맏이 책이라 애착이 많이 가는 놈이다. 이 녀석이 죽지 않고 되살아나고 있으니 이 질긴 생명력에 축하를 보내 주었으면 한다. 끝으로 개정판이 나오도록 사랑해 준 독자 여러분께 감사를 드린다.

2002년 1월 운봉(雲峰) 권오길(權伍吉)

3

사실 그 동안 패류도감 두 권을 내느라고 똥줄이 빠지고, 그나마 성성하지 못한 나의 눈은 점점 주인을 나무라고 있는데도 들은 체 만 체하고 이 글을 썼다.

만일 어느 날 한 젊은이가 찾아와 대뜸 "선생님, 글 한번 써 보지 않으시겠습니까?" 하고 재촉하지 않았더라면 졸작이나마 이런 글은 나오지도 못했을 것이다.

주제 넘게 내가 무슨 책을 쓰나 하는 생각도 들었으나 "그래 보세" 하고 제자 앞에서 쏟아 버린 말을 주워 담을 수가 없어 집 아이들이 쓰다 버린 볼펜들을 모아 여름방학 내내 틀어박혀 원고지 1300여 장을 메꾸었다(그런데 이 책은 1300장이 되지 못한다. 졸작(?-역시 옳은 말이다)이라고 나오지도 못하고 유산된 새끼가 여럿 있으니 말이다). 그러면서 볼펜 한 자루가 200자 원고지 106장을 메울 수 있다는 것도 새로 알았다. 그러니 이 책은 볼펜 열세 자루가 지나간 궤적이다.

한 사람의 일생을 엮으면 누구에게서나 몇 권의 소설은 만들어질 수 있을 것이다. 태어나 자라고 배우고 가르치면서 늙어 죽는 일대기를 모두가 가지고 있기 때문이다. 나도 가르치는 일에만 거의 30년을 매달렸으니 몇 토막 다른 사람이 경험 못 한 이야기도 있을 수 있었고, 중학교를 못 가 나뭇짐 지게를 부수어 버렸던 쓰디쓴 가난한 시절이 있었기에 삶의 단맛의 의미도 제법 안다. 또 생물학을 전공하였기에 자연(사람)을 보는 눈도 남다른 면이 있는 것 같다.

여자고등학교와 남자고등학교에서 경험하였던, 풋나기 선생 때의 웃지 못할 이야기들도 이 책의 글감이 되었고, 대학강단에서 꾸짖고 타이르던 이야기며 사선을 헤매었던 채집 경험들도 글로서 제법 제 모양을 갖추었다. 소나무의 진(송진)을 껌 대신 꾹꾹 씹었던 화석 같은 옛일도, 세상에 나서 처음 신었던 구두의 앞창이 하루 만에 개헛바닥이 되어 버린 대학 때의 일도 즐거운 추억으로 달려왔다.

아마도 이 글은 잘 차려 입은 말쑥이가 아니라 흙냄새 풍겨나는 시골 처녀 같을 것이다. 완전한 것보다 조금 부족한 듯한 것을 좋아하는 내 세상 사는 방식대로 말이다.

부족하지만 정성들여 키운 예쁜 이 꽃들을 독자 여러분들의 가슴에 꽂아 주고 싶다.

살아 생전 지문이 없어지도록 자식 키우기에 온 힘을 다하고 끝내 눈을 감고 가시지 못한 어머님과, 1994년 1월 61회 생신을 맞이하신 내 형님께 삼가 이 책을 바친다.

1993년 7월
권오길

차례

1

일본원숭이의 먹이 문화

옛날에는 흉내를 잘 내는 사람은 원숭이를 닮았다고 해서 놀림감이 되곤 했다. 그러나 요즘에는 모방은 창조의 어머니라 하여 도리어 흉내의 중요성이 강조되고 있다. 공부를 하는 과정에서 보면 대학생은 물론이고 석사 과정까지도 모방 단계고, 박사 과정이나 돼야 비로소 자기의 생각을 창조적으로 펼칠 수 있다고들 한다. 그러나 모방은 매우 어려운 작업이며, 철저한 모방만이 개성 있는 창조를 이룰 수 있고 문화에서도 중요한 구성요소로 작용한다.

그런데 이 모방의 속도와 정도가 원숭이 사회에서는 어미와 자식, 수놈과 암놈에 따라 차이가 있는 것으로 밝혀졌다.

홋카이도[北海道] 일대의 숲과 바닷가에 서식하는 일본원숭이들은 옥수수나 고구마와 같은 먹이의 일부를 사람에게서 얻는 반자연(半自然) 상태에서 살고 있다. 이 원숭이들은 사람이 고구마를 모래 상자에 뿌려 주면 흙을 제거하기 위해 일일이 껍질을 까 먹었고, 옥수수를 던져 주면 알갱이를 하나하나 주워 먹었다. 이처럼 고구마의 껍질을 벗겨 먹고 옥수수 알갱이를 손으로 주워 먹는 것을 원숭이 고유의 먹이 문화라고 인정하고 이야기를 풀어가 보자.

어느 날 원숭이들이 먹이를 놓고 서로 다투다가 고구마와 옥수수가 바다로 쓸려갔다. 바다에 빠진 고구마를 차지하기 위해 뺏고 빼앗기는 사이에, 원숭이들은 고구마에 묻은 흙이 깨끗이 씻겨진다는 위대한 발견(?)을 하게 되었다. 바야흐로 고구마의 껍질을 벗기지 않고 곧바로 물에 씻어 먹는 새로운 먹이 문화를 찾게 된 것이다.

옥수수를 먹는 방법도 바뀌었다. 바다로 쓸려간 옥수수 알갱이는 물 위에 뜨게 마련이므로, 모래가 입에 들어가는 것이 싫어서 하나씩 주워 먹던 옥수수를 한꺼번에 여러 개씩 떠 먹을 수 있게 된 것이다. 이것은 사람이 불을 이용해 먹이를 익혀 먹게 된 것만큼이나 큰 변화요, 그들 먹이 문화의 커다란 진화(進化)였다.

이제 원숭이들은 고구마와 옥수수를 주기만 하면 모두 바다에 쓸어 던지곤 했는데, 여기서 한 가지 중요한 사실이 목격되었다. 즉, 이 새로운 먹이 문화에 대한 반응이 성별과 나이에 따라 각기 다르게 나타난 것이다. 원숭이들은 이 새로운 문화를 똑같은 속도(정도)가 아니라, 새끼 암놈이 가장 빨리, 다음이 새끼 수놈, 그 다음이 어미 암놈의 순서로 받아들였다.

한편 수놈 아비는 어떤 반응을 보였을까? 아비 수놈은 여전히 고고창창(孤高蒼蒼), 고구마는 벗겨 먹고 옥수수는 한 알 한 알 주워 먹고 있었다.

이 같은 새 먹이 문화 수용의 속도를 생물학 부호로 표시해 보면 F_1우 → F_1♂ → P우의 순서가 되며, P♂은 끝까지 새 문화를 거부하고 있었다 (F는 후손이란 뜻의 'filial generation'의 머릿글자이고 P는 양친이란 뜻의 'parents'의 머릿글자이다).

그렇다면 수놈 아비의 이 행동은 어떻게 해석해야 할까? 사람으로 치면 초보수주의자인 할아버지나 보수적인 아버지의 행동에 비유되는 이 아비 원숭이의 행동을 생물학자들은 종족 보존의 개념으로 설명한다. 새로운 문화는 때로는 한 집단이나 종족에게 해를 끼칠 수도 있고, 심한 경우에는 그 문화가 인자의 소멸을 초래할 수도 있다. 그래서 새로운 문화가 종족에게 큰 해를 끼쳤다 해도 그 문화를 거부한 수놈의 유전자(씨)는 남아 있어서 어떻게든 종족을 보존할 수 있다는 것이다. 물론 이러한 설명은 하나의 본능적인 행위를 귀납적으로 해석한 것이라고 볼 수 있다.

일본원숭이들의 이러한 행동은 언뜻 사람들의 문화에 대한 태도를 돌이켜 보게 한다. 대체로 늙은이들이 보수적이라고 한다면 젊은이들은 진보적이라고 할 수 있을 것이다. 그리고 라디오나 텔레비전의 노인 대상 프로그램을 봐도 할머니들은 요즘 유행하고 있는 노래를 곧잘 부르지만, 할아버지들은 으레 "태산이 높다하되……" 하는 창이나 흘러간 옛 가요를 흥얼거린다. 이처럼 할아버지와 할머니 사이에서도 문화의 흡수 속도가 다르다. 어린아이들의 경우는 새 문화를 받아들이는 속도가 굉장히 빠르며, 그 중에서도 여자아이들이 사내아이들보다 훨씬 빠르다. 이런 모습을 보고 어른들은 '깜찍하다'며 대견스럽게 생각한다. 이런 태도의 차이는 본능적인 것이라고 봐야겠지만, 야릇한 느낌이 드는 것은 사실이다.

보수와 진보는 가정뿐 아니라 사회에서도 공존하고 있다. 보수가 변화를 끝낸 상태라면 진보는 변화를 추구하는 것이다. 따라서 보수는 진보가 불안하고 위험스러워 보이고, 진보는 보수가 고집스럽고 답답하게만 느껴진다. 어느 시대에서나 늙은이는 젊은이를 보고 '버릇없는 놈들', '우리는 저렇지 않았는데', '말세다'라고 개탄하고, 젊은이는 늙은이를 '옹고집통', '늙으면 죽어야 해' 따위의 말로 손가락질한다. 그러나 오늘의 젊은이는 내일의 늙은이가 되어 "요새 것들은 버릇이 없어"라고 뇌까릴 날이 오게 마련이다. 앞물은 뒷물에 밀리고 뒷물은 다시 그 뒷물에 밀리듯이 보수와 진보는 역사 속에서 항상 공존하면서 자리바꿈을 해 오고 있는 것이다.

여기서 탈리도마이드(thalidomide)라는 한 약품의 예를 들어 보자. 이 약은 1960년대에 독일의 어느 제약회사가 만든 산모용(産母用) 신경안정제였다. 임신을 하면 대개 어느 정도의 심리적인 불안감이 생기는데, 특히 태아가 태동을 시작하면 그 태아가 무슨 동물처럼 느껴질 정도로 불안해진다고 한다. 이런 임신 초기의 불안과 불면을 해소하기 위해 만들어진 이 약이 무서운 부작용을 초래해 온 세상을 떠들썩하게 했다. 소위 선진국이라는 나라들에서 팔이 짧거나 손가락이 없는 아이들이 여기저기서 태어났던 것이다.

팔은 어깨 부위에서부터 순서대로 발생하여 차츰 손바닥, 손가락이 생기게 되는데, 산모들이 태아의 팔이 완성되기도 전에 이 약을 먹는 바람에 팔의 생장이 정지되고 말았던 것이다. 이 약물의 영향을 받은 아이들은 팔이 생장하지 못한 것은 물론이고 이마와 내장에까지 심각한 피해를 입었다. 다행히(?) 1960년대의 우리 나라는 산모들이 이 약을 먹을 만큼의 경제적인 여유가 없는 후진국이었기에 탈리도마이드 증후군의 태아는 태어나지 않았다. 이것은 새로운 문화를 받아들일 때 한 발 늦게, 충분한 검증을 거친 후 받아들이는 것이 유리할 수도 있다는 심각한 교훈을 던져 준다. 때로는 많은 것보다 적은 것이, 빠른 것보다 느린 것이 더 좋은 경우도 있는 법이다.

이 약은 차치하고라도, 결과가 먼 훗날 나타나고 눈에 잘 띄지 않는, 서양과 일본의 오염된 신문화가 지금 우리 젊은이들의 심신의 생장을 저해하고 있는 것은 아닌지 의심해 볼 일이다. 문화의 파문은 발상지에서 멀어질수록 커지고 거세진다고 하는데……. 모방이 창조의 어머니라고는 하지만 왠지 두려운 마음을 쉽게 떨어 버리지 못하는 것은 필자만의 기우일까?

먹이사슬 사람사슬

50년 전 인도네시아 보르네오 섬에서는 한때 고양이가 전멸한 적이 있었다. 창궐하던 바퀴벌레를 박멸하기 위해 섬 전역에 과다한 DDT를 뿌렸는데, 이 살충제에 중독된 바퀴벌레를 고양이가 잡아먹었던 것이다. 얼마 후 보르네오 섬에서는 쥐가 극성을 부리게 됐다고 한다.

최근 한 발표에 따르면 우리 나라에 패혈증 환자가 늘고 있다고 한다. 패혈증을 옮기는 중간 숙주는 들쥐다. 농약 때문에 메뚜기나 개구리 수가 줄고, 이들을 잡아먹는 뱀 역시 감소했다. 천적인 뱀이 사라지면 들쥐는 늘게 마련이다. 생태계의 먹이사슬은 이와 같이 한쪽만 무너져도 금세 가시적인 피해를 낳는다. 농가나 화원에서 농약 및 비료를 주거나 도시 방역 사업을 할 때 과다한 살충제 사용을 삼갈 필요가 있다.

위의 글은 『조선일보』 박재영 기자가 쓴 「생활 속의 환경운동」 82회 분인데 살충제의 과다한 사용을 경고하고 있다. 여기에 덧붙여 필자는 먹이사슬, 그리고 그보다 더 복잡하게 얽혀 있는 먹이그물을 좀더 이해하기 쉽게 몇 가지 예를 들어 설명해 볼까 한다.

'먹이사슬'은 영어의 푸드체인(foodchain)을 우리말로 옮긴 것이다. 사슬이란 말 그대로 하나와 다음 하나, 또 다음 하나의 고리가 긴 줄로 연결된 모양이며, 처음과 끝이 있는 직선의 개념을 갖고 있다. 그래서 어느 하나의 고리가 고장이 나거나 빠지면 그 사슬은 망가지고 만다. 앞에서도 사슬의 한 고리인 뱀이 줄어들어 쥐가 증가한 것이다. 평형을 유지하고 있던 한 고리가 깨진 것이다.

그런데 자연계(생태계)는 그렇게 간단하게 한 줄로 이루어져 있지는 않다. 아래 도표에서 보는 것처럼 자연계는 얽히고설켜 있다. 그래서 먹이사슬이라는 표현보다는 '먹이그물(foodnet 또는 foodweb)'이라는 개념을 갖고 자연을 보는 것이 더 올바르다.

도표에서 '벼 → 메뚜기 → 개구리 → 뱀 → 독수리'라든지 '벼 → 메뚜

〈먹이그물〉

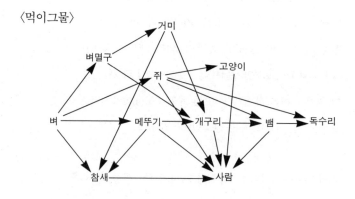

기 → 사람'의 직선상의 고리들만 떼어 내서 보면 각각은 한 줄 한 줄의 먹이사슬이 되지만, 이 먹이사슬들을 전체적으로 연결해서 보면 먹이그물이 된다. 벼라는 하나의 녹색식물을 중심으로 간단히 그려 봐도 이런 그물이 그려지는데, 우리 나라에 서식하는 식물만도 대략 4000여 종이 된다고 하니 생태계가 얼마나 복잡한지 짐작할 수 있는 일이다. 표에서 화살표들이 마지막에는 사람 쪽으로 모이고 있다는 점을 생각해 보면 전 세계를 대상으로 한 먹이그물은 어떻겠는가?

앞의 기사에서 50년 전 보르네오 섬에서는 고양이가 사라지고 들쥐가 창궐했다고 했는데 지금은 어떻게 되었을까? 틀림없이 쥐라는 먹이가 많아졌기 때문에 천적인 고양이와 뱀의 수가 다시 증가하였을 것이고, 따라서 쥐의 수는 감소하여 지금은 평형을 이루고 있을 것이다.

우리 나라도 한때 소위 '불나방'이 외국에서 유입되어 많은 나무들이 홍역을 치른 적이 있다. 갑작스럽게 새로운 종이 들어와 빠른 번식을 하는데도 천적(주로 거미 무리)의 수는 그것을 따라가지 못해 빚어진 한순간의 사건이었다. 그러나 시간이 가면서 불나방이라는 먹이의 증가로 천적인 거미나 새, 벌의 수도 빠르게 증가하여 지금은 이들 사이에 거의 평형이 이루어지고 있다. 이렇게 자연계에서는 급격한 평형 파괴 현상 이후 다시 원상태로 회복되는 일이 곳곳에서 일어나고 있으니 정말 다행한 일이다. 자연의 회복은 사람의 병후 회복보다 빠르다고 한다.

예를 하나 더 들어 보자. 한때 전국의 소나무가 솔잎혹파리 때문에 큰 병을 앓았다. 수간주사(살충제액을 나무에 주사하면 잎에까지 살충제가 퍼지게 되고, 이 솔잎을 갉아먹은 혹파리는 죽는다), 요소 뿌리기, 천적 살포 등 여러 가지 방법으로 예방·방제를 했는데 이것은 애초부터 가능한 한 많은 소나무를 살리고 빨리 회복시키기 위한 것이었다. 빨갛게 탄 소나무들을 볼 때면 측은한 생각이 드는 것은 누구나 같은 마음이겠지만, 원칙은(자연법칙에 따르면) 그냥 그대로 내버려 두는 것이다. 기생충은 절대로 숙주를 죽이지 않기 때문이다. 한때는 흑파리가 먹은 소나무를 배코치듯 모두 잘라 민둥산이 된 곳이 곳곳에 있었으나 그대로 두면 90퍼센트 이상이 소생한다는 것을 나중에야 알았다.

솔잎흑파리가 소나무를 죽이면 흑파리 자신은 어떻게 살 수 있겠는가. 그래서 그대로 두면 흑파리라는 먹이가 많아졌기 때문에 천적도 증가하여 소나무—흑파리—천적 사이의 평형이 유지된다. 요사스럽고 욕심 많고 마음 급한 우리는 우선 눈에 보이는 흑파리를 빨리 죽여 없애기 위해 살충제를 마구 뿌려 댄다. 그래서 거미 같은 천적까지도 같이 몰살시키는 등 자연에 대해 지나친 간섭을 하고 있는 것이다. 자식이나 제자나 자연이나 도에 넘치는 간섭을 하면 좋지 않다. 자연은 우릴 보고 "제발 그대로 둬 다오!"라고 외치고 있으나 사람들은 그 소리를 못 듣는다. 우(遇)라!

어쨌거나 우리도 '이'를 죽이기 위해 겨드랑이에 DDT 주머니를 차고 다닌 적이 있지만, DDT는 2차대전 후 살충제로서 인류에게 많은 공헌을 하고 이제는 퇴역한 약이다. 그런데 앞 도표의 먹이그물에서 벼멸구를 죽이기 위해 벼에 DDT를 뿌린다면 어떤 일이 일어날까? 벼에 묻은 DDT를 메뚜기가 먹게 되고 DDT는 일부가 메뚜기의 세포 속에 남으며, 계속 먹으면 먹은 만큼 몸 속에 축적된다. 이 메뚜기를 개구리가 먹으면 역시 개구리 몸 속에 축적되어 먹이사슬의 다음 단계로 넘어가고, 이렇게 DDT 사슬이 만들어진다. 대부분의 물질들은 생물의 몸 속에 들어갔다가도 배설되어 나가지만 유독 DDT나 중금속 무리는 몸에 남아 쌓인다. 또 하나의 문제는 먹이사슬의 다음 단계로 넘어갈 때마다 그 농도가 점점 더 짙어진다는 데 있다. 곤충을 죽이는 DDT가 동물의 세포에도 해로울 것이라는 것은 쉽게 알 수 있다.

중금속 이야기가 나왔으니 다른 예를 하나 더 보자. 한때 일본의 미나마타[水俣] 지방 인근의 주민 만여 명이 신경장애를 일으킨 적이 있었다. 그 원인을 추적한 결과, 식물플랑크톤 → 동물플랑크톤 → 어류·패류로 이어지는 먹이사슬에 수은이 관계되었다는 것을 밝혀 냈다. 아세트알데히드 제조 과정에서 나오는 중금속 물질인 메틸수은이 공장 폐수로 흘러나가 어패류에 고농도로 축적되었던 것이다. 신경계 장애와 함께 온몸에 심한 통증이 따르는 이 병을 '미나마타병'이라고 부른다.

이 외에도 배기가스 속의 중금속인 납은 헤모글로빈 합성을 저해하고, 카드뮴은 콩팥이나 간에 축적되어 무서운 병을 일으키는데, 카드뮴 중독에 의한 병을 '이타이이타이병'이라고 한다('이타이いたい'는 일본말로 '아프다'는 뜻이다). 중금속 농도의 증가는 문명의 발달과 관계가 있는 일종의 문화병(文化病)이다.

먹이그물의 그림으로 다시 돌아가 보자. 만일 '벼 → 메뚜기 → 개구리 → 뱀'이라는 간단한 먹이사슬만이 존재한다고 가정해 보자. 농약으로 메뚜기가 멸종된다면(환경이 큰 충격을 받는다고 표현한다) 개구리는 어쩔 수 없이 멸종될 것이고, 따라서 뱀도 부득이 멸종되고 말 것이다. 그러나 먹이그물에서는 메뚜기가 멸종되어도 개구리는 벼멸구나 거미 등을 잡아먹고 살 수 있고, 그래서 뱀도 살 수 있는 것이다.

그렇다, 사람도 마찬가지다. 인간 개개인은 사회라는 거대한 그물을 구성하는 하나의 고리인 셈이며, 따라서 간단한 사슬을 형성한 인간은 변화에 대처하기 힘들지만 복잡하게 얽혀 있는 사람은 큰 충격을 받아도 살아 남는다. 사람도 사람 나름이라, 이 사람 저 사람 누구하고나 모나지 않게 둥글둥글 어울려 사는 사람, 좋은 일 궂은 일에 내 일처럼 달려가 돕고 사는 사람이 있는가 하면, 이 녀석은 내 편 저 녀석은 네 편으로 사람 나누고, 내것 네것 조목조목 따지고 참섭하는 별난 독불장군도 있다. 그러나 사람의 삶도 얽히고 엉킨 실뭉치 같은 그물 속에 놓인 것이다.

간단한 먹이사슬 속의 개구리는 멸종되기 쉬우나 복잡한 먹이그물 속의 개구리는 살아남지 않는가! 사람도 서로 도우며 함께 살아야 하는 것이다. 이렇게 더불어 사는 지혜를 자연에게서 배워야 한다. 그래서 자연은 우리의 어머니다.

성비(性比), 군신의 창과 비너스의 거울

인류에게 미해결의 장으로 남아 있는 것이 세 가지가 있다. 환경오염과 기근, 그리고 전쟁이다. 그 동안 많은 노력을 경주해 왔지만 인간은 아직도 이 세 가지에 대한 해결의 실마리를 찾지 못하고 있다. 이 같은 상태에서 인간의 정신세계를 황폐화시킨다는 면에서는 더욱 무서울 수도 있는 약물남용 문제가 하나 더하여 인류의 장래에 어두운 그림자를 드리우고 있다…….

위의 글은 강원대학교 주왕기 교수가 '약물 퇴치의 날'에 쓴 『조선일보』「시론(時論)」의 서문이다. 옳은 지적으로, 기근과 전쟁은 인류의 역사와 함께 시작하여 끝없이 계속될 전망이고 환경오염과 약물중독은 현대문명의 부산물이다. 후자는 노력 여하에 따라 줄일 수도 있겠지만 전자의 먹이 싸움과 땅 싸움은 계속될 것이다.

인간들의 전쟁은 종교, 사상, 감정 문제로 일어나기도

하지만 거의 모두가 그 배경에는 땅 따먹기 심리가 깔려 있다. 세력권을 넓힘으로써 더 넓은 땅에서 더 많은 먹이를 얻을 수 있고, 그리하여 더 많은 자손을 퍼뜨릴 수 있다는 본능적 욕망의 발현이 바로 전쟁인 것이다. 전쟁은 남성들이 일으키는 것이다. 전쟁에서 이기면 땅과 재물 외에도 여자라는 전리품이 있기 때문에 죽도록 싸운다. 인류의 역사에서 남성들의 정복욕이라는 본능이 얼마나 많은 전쟁사를 쓰게 했는가.

싸움은 사람만 하는 것은 아니다. 모든 동식물이 오늘도 치열한 싸움을 벌이고 있다(싸우지 않고 더불어 사는 공생의 지혜도 발휘하지만). 일정한 땅에 배추 씨를 촘촘히 뿌려 놓고 그들이 자라는 것을 관찰해 보자. 어쩌면 그렇게도 똑같은 시간에(씨를 뿌린 지 2~3일 후 어느 한순간에) 싹이 트는지! 늦으면 늦을수록 양분 흡수와 햇빛 받는 것에서 손해를 보기 때문일 것이다. 그러나 그 중에서 몇 포기만 큰 배추가 되고 나머지는 도태되어 죽는다.

그런데 재미있는 것은 그 살아남은 배추들의 포기 사이가 자로 잰 듯 일정하다는 것이다. 광활한 사막에 펼쳐져 있는 선인장 무리들도 무작위로 나 있지 않고 일정한 간격으로 제 자리를 차지하고 있으며, 대나무 밭의 죽순도, 깊은 산의 고사리의 일종인 관중(貫衆)까지도 다 그렇다. 그래서 논에 벼를 일정한 간격으로 심어 소출을 늘리고 밭에 심은 배추, 무도 마찬가지다. 물이 풍부하다는 전제하에서 보면 결국은 뿌리가 빨아들이는 양분과 잎이 받아들이는 태양빛의 양에 따라 죽고 사는 것이 결정되는 것이다.

"거목 밑에 잔솔 못 자란다"라는 속담은 부모나 선배가 너무 출중해서 자식이나 후배가 주눅들어 크지 못할 때 하는 말인데, 실제로 산에 올라가 잘 관찰해 보면 침엽수인 소나무가 상수리 같은 활엽수 밑에서 창백하게 신음하고 있는 것을 볼 수 있다. 소나무 같은 침엽수는 빛이 많이 필요하지만 활엽수는 넓은 잎 때문에(햇빛을 받는 면적이 넓어) 약한 빛에서도 잘 자라고 생장 속도도 빠르다. 소나무와 참나무를 같이 심어 보면 처음에는 같이 잘 자라지만 차츰 소나무는 참나무의 그늘로 들어가고 나중에는 빛이 부족해 죽고 만다. 그대로 방치해 둔 산에서는 오늘도 많은 소나무들이 응달에서 시달림을 받으며 죽어 가고 있다. 울창한 숲 속에서 이울어 가는 소나무를 가끔 본다. 숲의 최후의 승리자는 활엽수들의 숲인 음수림(陰樹林)으로, 생물학 용어로는 안정된 음수림을 극상(極相, climax)이라고 부른다. 화단의 나무에서도 이런 예를 관찰할 수 있다. 이렇게 식물도 치열한 싸움을 한다.

동물 또한 싸우지 않는 것이 없다. 모두가 먹이와 공간을 두고 벌이는 싸움이다. 우리는 밭가에서 개미떼의 싸움을 봤고, 토종벌과 양봉벌의 싸움도 본다(토종벌은 일 대 일로 싸울 줄밖에 모르는데 양봉벌은 떼지어 공격하는 습성을 가지고 있어서 토종벌이 집단폭행을 당해 그 수가 줄고 있다고 한다). 산에서는 짐승들이, 바다와 강에서는 물고기들이, 공중에서는 새들이 서로 싸우고 있다.

동물은 모두가 일정한 제 영역을 차지하고 텃세를 부리며 그 영역을 지키기 위해 생사를 걸고 싸운다. 작은 개한테 큰 개가 쫓겨가는 것을 본 적도 있고, 까치들이 자기 영역에 침입한 다른 까치를 쫓는 광경을 보기도 했을 것이다.

사람들은 어떤가? 집에는 담이 있어서 그 담을 몰래 넘은 사람을 도둑이라며 쫓아 내고 잡아간다. 모두가 텃세라는 동물적 행동인 것이다. 경

상도가 어떻고 전라도가 어쩌고 하는 것도 모두 집단 방어의식의 하나이
다.

여기에서 전쟁 발생 이론의 하나인 "전쟁은 생물학적 성비(性比,
sex ratio) 조절 기능을 갖고 있다"는 점에 대해 얘기해 보자.

6·25 때 이, 삼십대의 젊은 남자들은 거의 다 죽다시피 하였고, 그래서
남자가 여자보다 훨씬 적어 "남자 하나에 여자 세 트럭을 싣고도 일곱 명
이 남았다"는 말이 있을 정도였다. 남자 씨가 마를 뻔하였다는 말이다. 성
비는 ♂ : 우, 즉 남녀의 비를 말하는 것으로(좀 더 엄밀하게 말하면 '여자
100명당 남자의 수'를 말한다), 전쟁 직후에는 성비가 100에 못 미쳤으나
(100이면 남녀가 같은 수라는 뜻이다) 반 세기가 지난 지금은 어떠한가? 남
자가 훨씬 많아졌고, 초등학교 남학생들은 여자 짝이 없어 돌아 가면서
여학생 옆에 앉을 수밖에 없게 되었다.

실제로 모체에 수태된(임신된) 태아의 성비는 약 120(♂ : 우＝120 :
100)으로 남자아이가 더 많다. 삼신할매도 아들을 선호하는 모양이다. 일
단 이렇게 수정률은 남자가 높지만 유산된 경우의 대부분이 남자아이고,
출산 후의 사망률도 남자가 높아서 결혼 적령기에 이르면 성비가 거의
100에 가까워지는 것이 자연의 섭리이다. 하지만 근래에는 좋은 약과 의
술로 남자아이들의 사망률이 낮아져서 출산 당시의 성비가 거의 그대로
유지되고 있다. 또 출산율도 줄어 첫아들을 낳으면 단산하는 일이 많아졌
고, 임신 초기에도 아들, 딸을 구별하는 것이 쉬워져서 생긴 인공적인 조
절의 결과라고 볼 수도 있다.

다른 동물의 성비는 어떠한가? 모든 동식물은 자기 자손을 더 많이, 그
리고 더 넓게 뿌리려는 강한 종족보존 본능을 갖고 있다. 민들레꽃 한 송

이의 씨앗이 쉰 개가 넘는다. 고추 하나에 들어 있는 씨를 헤아려 봐도 그렇다. 암놈 굴 한 마리가 일 년에 수백만 개의 알을 낳는다. 그런데 굴의 경우 보통 때는 성비가 100에 가까우나 산란기(5~8월)가 되면 성전환이 일어나 수놈도 거의 모두가 암놈으로 바뀐다. 그렇게 하여 더 많은 알을 낳는다. 바다에 사는 많은 동물들이 그렇다.

그러면 왜 여자가 남자보다 오래 살까? 남녀 모두 하나의 세포에 46개의 염색체를 가지고 있고, 보통염색체 44개는 똑같지만 성염색체의 경우 남자는 XY를, 여자는 XX를 가지고 있다. 그런데 X염색체의 크기가 가운뎃손가락만하다면 Y염색체는 새끼손가락의 반 정도의 크기다. 결국 염색체의 크기와 양에서 여자가 남자보다 우세하기 때문에 병에 강하고 오래 살게 된다는 것이다. 매우 작은 Y염색체는 아들을 결정하는 중요한 인자가 들어 있는 반면, 생명력은 약하다는 보상 현상(補償現狀)을 찾아볼 수 있는 설명이다. 사실 그런 유전인자의 차이 외에는 모두가 후천적인 것에서 그 이유를 찾을 수밖에 없다. 담배, 술, 흥분, 긴장(스트레스), 과로 등 수명을 재촉하는 요소들이 주로 남자와 연을 맺고 있기 때문이다.

끝으로 ♂, ♀ 두 부호에 대해서 이야기해 보자. 우리는 어떤 새로운 부호를 봐도 그저 그러려니 하고 지나쳐 버리기 일쑤다. 저것이 무슨 의미이며 왜 저렇게 쓰고, 어떻게 어디에서 저런 부호가 생겼나를 따져 보지 않는다. '왜?'라는 의문을 가져 보는 습관은 과학하는 태도이다. 어린아이들은 사소한 것에도 이것이 무엇이냐, 또 왜 그러냐고 계속해서 물으며 부모가 짜증을 낼 정도로 집착하곤 한다. 이런 어린아이의 눈, 어린아이의 생각이 바로 과학하는 눈이요, 생각이다. 중고등학교에서 그렇게 많이 써 본 ♂, ♀ 부호이건만, 일반생물 시간에 그 의미를 물어 보면 아는 학생이 거의 없다. 선생님들이 설명을 해 주지 않은 것은 물론이고 학생들 역시 궁금해하지도 않았다는 증거다. 아마 속으로 ㅇ자가 붙어 있으니 우은 암놈이라는 뜻이고, ㅅ자가 있으니 ♂은 수놈이란 뜻이겠지 지레 짐작하고 지나쳤는지도 모른다. 하지만 그게 아니다. 이 두 부호는 서양 신화에서 창안해 낸 것으로, 우은 비너스의 거울을 상징하고 ♂은 군신(軍神)의 창을 상징한다.

자해 공갈하는 해삼

세상을 살다 보면 도둑도 맞고, 교통사고도 당하고, 때로는 공갈 협박도 당하기 일쑤다. 그래서 도둑 한번 안 맞아 본 사람은 행운아 중의 행운아인 셈이다. 거의 하루도 빠짐없이 날치기, 들치기, 살인 강도, 사기 별의별 이름의 사건들이 신문의 사회면을 장식한다. 이런 흉흉한 일이 없는 세상은 없을까? 산골짜기마다 절이요, 밤이면 붉은 십자가가 홍수를 이루고, 저 많은 학교에서 정직과 성실을 가르치지만 모두가 헛수고다. 이래서 비색(否塞)한 현실을 새삼 돌이켜보게 된다.

1970년대 초, 경기고등학교가 화동에 있을 때다. 보결 학생을 받으면 평교사한테도 몇 푼의 몫이 돌아올 때니 호랑이 담배 먹던 시절이라 해 두자. 크리스마스라고 예의 그 보너스를 조금 받아 동료 선생들과 어울려 얼큰히 취해 택시를 기다리고 있었다. 술을 마시면 기분이 좋아지는 나의 술버릇에도 불구하고, 내 앞에 줄서 있던 꼴답잖은 중늙은이는 갖은 방법으로 야죽야죽 내 약을 올려서 결국 나로 하여금 박치기를 한 대 박도록 만들었다. 그 중늙은이는 잽싸게 3주 진단서를 들고 왔고, 그 덕에 난생 처음이요 마지막이 될 일이지만 지금은 없어진 종로 1가 파출소 철창 속에 갇히고 말았다. 부아가 났지만 어찌 보면 하룻밤이라도 그런 귀한 경험을 하도록 해 준 그들이 고마웠다. 알량한 나의 호주머니를 털어간 그들이 바로 소위 자해 공갈단이다. 지금은 수법이 발달하여 자동차 운전수까지 대상이 된다니 대담하고 위험스럽기 이를 데 없다.

'자해 공갈', 살기 위한 수단치고는 최후의 방법이다. 그런데 동물들 중에도 이와 비슷한 방법으로 위기를 넘기고 살아남는 것들이 있다.

도마뱀은 꼬리를 잡히면 그 꼬리를 잘라 주고 도망을 간다는 말을 들어 봤을 것이다. 사실이다. 도마뱀은 뱀, 거북, 멸종된 공룡과 함께 파충류에 속하는 동물인데, 꼬리가 아닌 몸통을 잡고 있는데도 꼬리의 중간 부분에 금이 가고 피가 배어 나오는 것을 볼 수 있다. 그것은 적의 공격을 받아 위기에 처하면 꼬리 정도는 떼 주는 본능적인 행동이다. 잃은 꼬리는 곧 재생하니 우선은 살고 봐야겠다는 것이다. 생물학에서는 이런 자해 현상을 '스스로 자른다'는 뜻에서 자절(自切)이라고 한다. 살기 위한 수단으로는 사람의 자해(自害)와 큰 차이가 없는데, 사람이 도마뱀에게서 배웠는지 도마뱀이 사람에게서 배웠는지 모를 일이다.

해삼(海蔘)이라는 동물을 보자. 한자를 풀이하면 '바다의 인삼'이란 뜻인데, 본초학(本草學)에서는 여성의 생리 조절, 임부의 태아 보호, 출산 후의 회복, 감기에 좋다고 하며, 특히 여름 보약으로는 제일이라고 한다. 생물학에서는 성게, 불가사리와 함께 극피동물(棘皮動物)로 분류하는데 상당히 깊은 바다에서 산다. 이 해삼도 심한 공격으로 생명에 위협을 느끼면 내장의 압력을 높여 몸의 일부를 터뜨리거나 항문으로 내장을 쏟아 내는 자해 행위를 한다. 자기의 결백을 주장하기 위해 배를 가르는 일본 사람들의 행태는 해삼에게서 배운 것일까. 손가락으로 혈서를 쓰는 행위, 손가락을 자르는 단지(斷指)를 통해서 굳은 맹세를 하는 행위도 도마뱀이나 해삼의 생태와 비슷한 점이 있다. 모두가 살아남기 위한 수단의 하나이니 말이다.

자절하는 동물 중에서는 게가 으뜸이다. 게 하니 생각나는 재미있는 이야기가 하나 있다. 결혼 초의 일로, 게의 알이 먹고 싶어 아내에게 게를 사다가 삶아 달라고 했다. 그런데 이게 웬일인가. 처가 사 온 게는 모두 수게였다! 그래서 나는 지금도 대학의 일반생물 강의에서 학생들에게 암게와 수게의 구별법만은 꼭 숙제로 낸다. 외형으로는 암수의 구별이 어려운데, 암게는 밑에 붙어 있는 딱지 같은 배 부분이 넓고 둥글며(그래야 많은 알을 붙여서 부화할 때까지 보호할 수가 있다), 수놈은 좁고 길다.

"서당 개 삼 년에 풍월 읊는다[堂狗三年吟風月]"는 말에는 경험이란 무서운 것이라는 뜻이 담겨 있다. 게의 암수 구별도 못 하던 집사람이 이제는 나를 가르친다. 하루는 게장을 담근다고 꽃게를 사 왔다. "여보, 다리 끝은 왜 안 자르오?" 했더니 "아직 안 돼요, 죽어야 자르지요" 하는 게 아닌가. 생물학을 한다는 사람이 그것도 모르느냐고 비꼬는 것처럼 들렸다. 한 대 얻어맞은 기분이었다. 아내는 살아 있는 놈은 다리 끝 하나만 잘라도 스스로 다른 다리를 모두 잘라 버리는 자절 본능이 있다는 것을 이론보다 더 귀한 경험으로 배운 것이다. 경험이란 이론보다 위에 있는 것인 모양이다.

앞에서 예로 든 자절, 자해하는 동물들은 모두 재생하는 특징을 갖고 있다. 사람도 어른보다는 어린아이의 몸이 재생이 빠르고, 하등동물이 고등동물보다 빠르며 거의 완전한 재생을 한다. 이런 재생도 있다. 해면 (sponge)을 완전히 가루를 내어 그릇에 담아 바닷물 속에 넣어 두면 원래와 똑같은 해면으로 되돌아온다. 무서운 재생력이다(옛날에는 해면을 썩여 골격 성분만 남은 것을 부엌에서 스펀지로 사용했다).

그런데 해면동물 외에도 토막 난 지렁이가 두 마리의 지렁이가 되고, 세 토막을 낸 플라나리아(planaria)가 모두 재생을 한다. 때로 생물들의 재생력은 무서울 정도다. 그런데 가끔 사람에게도 그들 못지않은 재생력이 있음을 본다. 골수암에 걸린 사람의 골수를 방사선으로 완전히 파괴하고, 다른 사람의 척수에서 골수를(거부반응을 일으키지 않는) 뽑아 환자의 혈관에 넣어 주면, 이 골수세포들이 혈관을 타고 환자의 골수 자리를 찾아가 거기에서 자리를 잡고 세포분열을 한다. "만물이 모두 제 자리가 있다〔萬物皆有位〕"고, 골수라는 제 자리로 찾아가는 이 원리를 이용한 것이 골수이식이다. 일종의 회귀본능처럼 보인다. 가루가 된 해면의 세포들이 이리저리 제자리를 찾아가 원래의 해면 형태를 갖추는 것처럼, 혈관으로 들어간 골수세포들은 하나같이 환자의 뼈 속으로 찾아가 그곳에서 세포분열을 일으켜 빈 골수를 원래와 같이 채운다. 이게 어찌 사람의 힘이라고 할 수 있겠는가. 가공할 만한 해면의 생명력, 사람 골수의 엄청난 재생력을 본받아 힘차게 살아가야겠다. 인고(忍苦)의 기쁨이 얼마나 큰 것인가를 느끼며 말이다.

때밀이 아저씨 실직하다

　　　　　　　　피로 회복에는 사탕이
나 과일을 먹거나 목욕을 하면 좋고, 특히 충분한 수면이
제일이라는 내용의 강의를 하고 있는데, 한 학생이 손을
번쩍 들고 물었다.

　"선생님, 목욕을 하고 나면 더 피곤하던데 왜 그렇습니
까?"

　그것은 아직도 수십 년 전 목욕법을 그대로 답습하고
있기 때문이다. 습관이란 무섭고 사고의 전환은 너무도
어려운 것이라, 부모한테 배운 목욕 문화가 그대로 전해
와서 그 아버지는 오늘도 '껍질'을 벗기고 자식도 따라서
벗기고 있는 것이다.

　나의 대학시절은 매우 어려울 때라, 전차를 탈 때도 친
구가 먼저 타고 지금의 정액권을 창 밖으로 던져 주면 그
것을 주워서 타고 다닐 정도였고, 집에 편지할 때도 대학
신문의 여백에 글을 써서 보내야 했다. 그러니 목욕 한번

하기가 쉽지 않았으며, 한 달에 한 번 목욕탕에 가면 주인 몰래 양말과 내복을 빨아야 했고, 껍질 벗기듯 때를 밀어야 했다. 탕 속에서 실컷 때를 불려 수건을 말아 쥐고 문지르면 막국수 같은 때가 밀려 나왔고, 그 때를 남이 볼세라 몰래몰래 물을 부어 흘려 보냈던 기억이 아직도 생생하다. 한마디로 궁상스럽고 비참한 생활의 연속이었을 때다.

그런데 아직까지도 탕에 드는 일을 '때를 불리러' 들어가는 것으로 알고 있으니 이를 어이할까.

더운 물 속에 들어왔으니 피돌기(혈액순환)가 빨라져 핏속의 노폐물이 콩팥에서 걸러지고 간에서 젖산이 분해되는 속도가 빨라진다. 사람 몸 속 혈관의 길이가 13만 킬로미터가 넘는다는데(지구 둘레가 약 4만 킬로미터이니 지구 둘레의 세 배가 넘는다), 이 긴 혈관 속의 피는 온몸의 구석구석을 빠르게 흘러간다. 그러면서 몸의 혈액순환이 좋아지고 피곤이 풀린다.

그러나 사람들은 꺼칠꺼칠한 땟수건에 큰 수건까지 쑤셔 넣고는 순서대로 온몸의 껍질을 벗긴다. 아프다는 자식의 호소도 아랑곳 않고 사정없이 문질러 댄다. 이렇게 온몸을 문지르고 나면 힘이 빠져 버려 목욕을 하고도 더 피곤하다. 질문을 했던 제자도 이런 목욕법에 길들어 있기 때문이다.

땟수건을 써서는 안 되는 이유를 그림을 보면서 설명(설득)해 볼까 한다. 살갗의 제일 바깥(위)에 얇은 때층이 있고 그 아래에 각질층(角質層, 케라틴층)이라는 죽은 세포가 쌓인 층이 있는데, 이 각질층은 몸에서 수분이 증발되는 것을 막아 주고 몸으로 들어오는 세균이나 바이러스를 차단해 주는 중요한 일을 한다. 우리가 때라고 벗겨 내는 것이 이 부분임을 꼭 알아야 한다. 이 층이 없어지면(벗겨지면) 우리 피부는 바로 아래에 있는 상피층의 산 세포를 죽여서 빠른 속도로 각질층을 만든다. 그러고 나면 무지한 제 손은 또다시 애써 만든 각질층을 벗겨 버린다. 한마디로 피부는 죽을 지경인 것이다.

땟수건으로 심하게 문지르고 나면 목 언저리는 따끔거리고 배도 화끈거린다. 그래서 연고를 바르곤 한다. 병 주고 약 주는 것도 정도가 있지, 피부를 몹시도 괴롭히는 일이다. 땟수건으로 세게 문지르다 보면 실핏줄과 신경이 분포된 곳까지 피부를 파 버리기도 한다. 그 결과 피부에서는 적혈구가 스며 나오고 신경을 건드린 탓에 통증까지 느낀다. 이런 일이 반복되면 결국은 피부가 약해지고 세균의 침입을 받아 염증이 생기기도 한다. 적당히 샤워만 해도 충분하다. 적은 것이 많은 것보다 좋은 것 중의 하나가(피부의 입장에서 보면) 목욕이다.

이 글을 읽었다면 땟수건은 담배를 끊는 것처럼 끊고(어렵지만 끊자는 뜻이다) 부드러운 수건을 쓰도록 하자. 목욕을 자주 하는 것만으로도 괴로운데 이렇게까지 애를 먹이니 피부는 거칠어질 수밖에 없다.

습도가 높은 일본과 북유럽은 목욕 문화가 매우 발달한 나라들이다. 반면 중국은 어떤가. 특히 건조한 고비사막 근방의 중국인들은 일생 동안

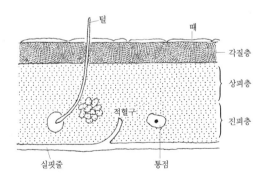

고작 세 번 목욕을 한다고 하니, 태어나서 한 번, 결혼 전에 한 번, 그리고 죽어서 한 번, 모두 세 번이란다. 특이한 것은 목욕을 자주 하지 않는 이 지역 사람들에게 피부병이 없다는 사실이다. 그러니 일본과 중국의 중간 정도의 목욕이면 우리 체질에 맞지 않을까 싶다. 신토불이(身土不二), 먹는 것만이 아니라 목욕도 그렇다.

머리를 감는 것도 그렇다. 너무 자주 감는 것은 좋지 않다. 게다가 샴푸라는 것을 퍼붓듯 해서 감는 것을 보면 한심한 생각이 든다. 길을 가다가 옆을 스쳐 지나가는 여자들에게서 나는 세제 냄새를 맡은 적이 있을 것이다. 바로 샴푸로 머리를 감은 여자들에게서 나는 냄새인데, 샴푸 그 자체는 강력한 계면활성제로 때를 잘 빠지게 하는만큼 피부나 머리카락에는 매우 나쁘다. 그러니 되도록 비누를 쓰는 것이 좋다.

샴푸를 쓴 머리카락을 현미경으로 보면 표면이 매끈하지 못하고 꺼칠하게 상처가 난 것을 볼 수 있다. 그리고 샴푸는 탈모의 원인이 되기도 한다. 안된 이야기지만 요즘 여성들은 거의 대부분이 머리털이 꽉 차지 못한 반(半)대머리들이다. 옛날의 우리 어머니들은 절대로 그렇지 않았다. 그래서 나는 어디에서나 말이 통하는 여자들만 만나면 샴푸를 못 쓰게 귀에 못이 박이도록 강조해 왔다. 내 강의를 들은 학생들은 분명 다른 학생들보다 머리숱이 훨씬 많을 것이라고 확신한다. 옛날에는 창포물로, 잿물로 머리를 감아도 동백기름을 바르면 그렇게 매끈하고 자르르 윤기가 흐르던 검은머리들이었는데, 요사이 여자들의 머리카락은 윤기는커녕 변색된 노랑머리에 가는 철사를 얽어 놓은 뻐덕뻐덕한 쇠수세미 같아 보인다. 샴푸는 확실히 나쁘게 발달한 열성 문화 중 하나다.

이제 마지막으로 이런 질문을 던져 보자. 갓 태어난 젖먹이 아이를 뗐

수건으로 문질러 목욕시키는가. 또 그 어여쁜 아이의 머리를 샴푸로 감기는가. 모두 보통 수건과 비누를 사용하고 있지 않는가.

문화에는 이렇게 저질 문화도 있으니 이런 것은 기피하고 받아들이지 말아야 한다. 절대로 좀팽이 같은 소리가 아니며 또 과장도 아니다. 샴푸를 만드는 회사에서는 나를 곱잖게 보겠지만 사실은 사실이다.

우리가 살아 있는 동안은 계속 목욕을 하고 머리를 감아야 하겠지만, 이제부터라도 제발 내일 당장 죽을 듯이, 오늘이 지구의 마지막 날인 것처럼 씻고 감지 않도록 하자. 내일을 건강하게 맞으려면.

태양을 마시자

한때 어느 식품회사 광고에 "태양을 마시자"라는 문구가 있었다. 태양의 의미를 잘 생각해 보면 멋있는 말이다.

사람이나 동물이 움직이는 데는 많은 힘(에너지)이 필요하다. 그렇다면 이 힘의 근원이 어딘가를 생각해 보자. 만일 나를 움직이게 하는 힘이 달걀을 먹어서 나온 에너지라면 그 달걀을 제공한 닭은 모이(곡식)를 먹고 에너지를 얻었을 것이다. 그리고 그 곡식이 밀이라면 밀 잎의 엽록체가 광합성을 하여 태양에너지를 밀알 속에 축적해 놓은 것이다. 결국은 태양에너지가 밀로 흘러들어가 닭을 거쳐 내 몸으로 들어와 에너지로 사용되고 있는 것이다. 결국 밀과 닭을 거쳐 얻은 태양에너지로 내 몸은 움직이고 생각한다.

필자가 쇠고기를 먹었다면 태양에너지가 풀에 고정(固定)되었다가 소를 거쳐 내 몸에 들어온 것이다. 즉, '태양에너지 → 풀 → 소 → 사람’ 의 과정을 거치는 에너지 흐름이 일어난 것이다. 그래서 사람을 포함해 모든 동물은 먹이를 식물에서 얻고, 식물은 태양에서 그 에너지를 받은 것이라는 것은 재론의 여지가 없다. 그래서 식물은 동물의 젖이요, 어머니이다.

식물이 이렇게 태양에너지를 고정하는 것을 광합성(光合成)이라 하는데, 그 과정은 매우 복잡하고 어려워 여기에서는 아주 간단하게만 설명하고 넘어갈까 한다. 식물의 세포 속에는 엽록체가 있고, 엽록체에는 그라나(grana)와 스트로마(stroma)가 있으며, 그라나는 틸라코이드(thylakoid)가 쌓여 된 것이고, 이 틸라코이드에 엽록소가 들어 있다. 식물의 잎이 녹색인 것은 이 엽록소 때문인데, 엽록소는 다른 색깔의 빛은 잘 흡수하지만 녹색빛은 투과, 반사시킨다. 그렇기 때문에 식물의 잎이 우리 눈에는 녹색으로 보인다. 앞에서 말한 그라나와 스트로마에서 복잡한 명반응과 암반응이 일어나 포도당이라는 물질이 만들어지며, 이 포도당 속에 태양의 빛에너지가 화학에너지로 전환되어 저장된다. 더 나아가 이 포도당을 기본 재료로 녹말과 지방, 단백질이 만들어진다. 여기서 재차 강조하고 싶은 것은, 이 지구상에서 빛에너지를 고정할 수 있는 생물은 엽록체를 갖고 있는 식물뿐이라는 사실이다. 오직 그들만이 이런 신통한 힘을 갖고 있는 것이다.

근래 지구의 환경오염으로 남극의 오존층이 심하게 훼손되었다는 기사를 자주 접한다. 그것이 뭐가 그렇게 문제가 되기에 자꾸 거론되고 있고, 지구의 종말까지 운운하고 있는 것일까. 이 오존층(O_3)은 태양 광선의 짧은 파장인 자외선(UV, ultraviolet ray)을 막아 주는 일을 하는데, 그 보호막에 구멍이 생기면 자외선이 마구 통과하게 된다. 이렇게 오존층을 통과

한 강한 자외선은 피부암을 유발하는 등 사람에게 직접적인 영향을 미치고, 그 강도가 강하면 식물의 엽록체를 파괴한다. 광합성을 하지 못한 식물은 죽게 되고, 그 결과 다른 동물도 먹이가 없어 굶어 죽게 된다. 그래서 오존층의 파괴는 심각한 문제인 것이다.

이야기를 다시 태양에너지로 돌려 보자. 아직도 많은 가정에서 연탄(석탄)을 연료로 쓰고 있다. 이 화석연료에서 나오는 열은 어디에서 온 에너지일까 생각해 보자. 석탄은 일종의 탄화된 화석(化石)이다. 약 4억 년 전, 고생대의 석탄기에 살았던 고사리식물(양치식물)이 화석화된 것이 지금의 석탄이다. 따라서 그때 양치식물의 엽록체가 광합성을 해서 저장해 두었던 에너지가 지금 연탄불이 되어 나오고 있는 것이다. 4억 년 전의 태양에너지가 오늘 밤 우리들의 방을 따뜻하게 해 주고 있다.

그러면 우리가 사용하는 전기에너지는 어디에서 왔을까? 전등을 예로 들어 보자. 화력발전소에서 석탄을 때면 석탄 속의 화학에너지가 모터를 돌리는 운동에너지로 변하고, 그 운동에너지가 다시 전기에너지로 바뀌어 전선을 타고 와서 전등의 빛에너지로 다시 바뀌게 된다. 결국 전등 불빛의 출발 역시 태양에너지다. 4억 년 전의 태양에너지가 우리의 밤을 밝혀 주고 있다.

수력발전의 경우를 보자. 수력발전소의 발전기를 돌리는 에너지는 물이 높은 곳에서 낮은 곳으로 떨어질 때 나오는 낙차에너지다. 그런데 이 물을 높은 곳으로 끌어올린 것은 오직 태양의 힘이다. 태양에너지를 받아 증발된(에너지를 품은) 물이 구름이 되고 비가 되어 내려와 그 낙차의 힘으로 발전기를 돌리는 것이다. 따라서 수력으로 만든 전기 역시 태양에너지에서 온 것이다.

마지막으로 원자력발전소의 전기는 어디에서 왔을까? 우라늄은 지구의 생성 과정에서 생겼고, 지구는 태양의 폭발 과정에서 떨어져 나왔다고 하니, 우라늄 속의 에너지 또한 태양에너지이고 거기에서 생긴 원자력에너지 또한 태양에너지이다.

그런데 우리가 살아가는 데 전기만큼이나 중요한 것이 석유다. 이 석유 속의 에너지는 어디에서 왔을까? 석유의 생성 근원에 관해서는 그간 논란이 있어 왔으나 그 시발점이 되는 물질이 식물플랑크톤이라는 것은 모두가 인정하고 있다. 그 식물플랑크톤을 동물플랑크톤이나 다른 동물이 먹고 그것들이 쌓여 석유가 되었다는 것이다. 결국 식물플랑크톤은 엽록체를 갖고 있는 작은 식물이며, 그 식물의 엽록체가 태양에너지를 석유라는 화학에너지로 바꾼 것이다. 저 많은 자동차의 엔진을 돌게 하는 에너지가 모두 빛에서 왔다는 것이다. 그러니 석유 파동은 다른 말로 태양에너지 파동인 셈이다. 태양에너지야말로 저 큰 배를 뜨게 하고, 저 긴 기차를 달리게 하고, 저 무거운 비행기를 뜨게 하는 원동력이다.

근래에는 공해를 줄이기 위해 알코올 자동차를 만들고 있는데, 이 알코올도 나무나 곡식을 발효시켜 얻은 것이니 결국은 식물에게서 얻은 것이고, 그것 또한 출발은 태양에너지인 셈이다.

이렇게 지구의 모든 에너지의 근원은 태양에서 온 태양에너지다. 우리가 손가락을 놀리는 것도, 눈을 한 번 깜박이는 것도, 바람이 불고 구름이 흘러가는 것도, 어느 하나 태양에너지의 힘을 빌지 않은 것이 없다.

그런데 태양에너지 그 자체는 맑고 깨끗하여 공해물질을 내지 않는다. 그래서 태양에너지를 식물을 거치지 않고 바로 얻어 쓰려는 노력이 한창 진행 중이다. '태양의 힘으로 가는 자동차가 있다면……' 하는 꿈이 거의

실현 단계에 와 있으며, 건물 위에 장치해 놓은 태양열 장치, 자동차 위에 얹어 놓은 넓은 집광판(集光板), 고속도로변의 시계판, 이 모두가 태양에너지를 모으려는 노력이다.

만일 사람이 엽록체를 만들 수만 있다면 쉽게 태양에너지를 얻을 수 있겠지 하는 생각정도 가끔 해 보지만 그것은 하느님이나 가능한 일인지도 모르겠다. 또 우리 몸에 엽록체를 이식하는 날이 오지 않을까 난염(難念)에 사로잡힐 때도 있다. 현대의 생물학은 식물의 유전 물질을 동물 세포에 집어넣는 단계까지 왔고, 신의 영역에 도전하는 느낌까지 들 정도의 연구들이 거침없이 진행되고 있기 때문이다.

결론지어 말하면 이 지구의 모든 에너지는 태양에서 왔다. 모든 살아 있는 존재들의 생명의 근원이기에, 태양은 그렇게도 밝고, 눈으로는 감히 쳐다볼 수도 없는 존재인가 보다. 귤 한 알을 먹는 것도 바로 태양을 마시는 일이다. 그래서 사랑하는 사람을 "오! 나의 태양(O! Sole Mio)"이라 부르는 모양이다.

세포 속에 난로가 있어

고등학교에서 생물을 배운 사람이라면 세포의 기본 구조를 배웠을 테고, 세포 속의 미토콘드리아에서 ATP(adenosine triphosphate)를 만들고 적혈구의 헤모글로빈이 산소를 운반한다는 정도는 알고 있을 것이다. 또 밥을 먹으면 소화·흡수되어 피를 타고 각 조직으로 운반된다는 것도 잘 안다. 이런 내용들에 덧붙여 몇 가지 실생활과 관련 있는 생활과학을 설명해 볼까 한다.

우리 몸을 구성하고 있는 세포는 몇 개나 될까? 보통 50조 개의 세포를 갖고 태어나서, 성인이 되면 대략 100조 개가 된다고 한다. 몸이 큰 사람일수록 세포가 많다.

세포 수는 유아기에 거의 결정된다고 한다. 모유를 먹으면 본인의 유전체질에 맞는 것을 먹는 셈이라 세포분열도 정상적으로 일어나 보통 크기의 사람이 되나, 분유(우유)를 먹게 되면 아무리 농도를 잘 조절하고 양을 맞추어도 양분이 많거나 적게 된다. 그런데 대부분은 과용(과식)으로 세포 수가 과다해진다고 하니, 그 결과 최근 들어 어린이 비만이 문제가 되고 있는 것이다. 한마디로 그들은 소젖을 먹고 큰, 살찐 '송아지'들이다.

또 모유에는 다양한 항체가 들어 있어 병에 대한 아이의 저항력이 커지는 것은 물론이고, 아이에게 젖을 먹임으로써 어머니의 유방암 발병률도 줄어든다고 한다. 아기를 낳고 젖을 먹이지 않은 사람에게서 유방암과 자궁암이 더 흔하다는 것을 알아야 한다. 기계는 써야 녹이 슬지 않듯이 사람의 몸도 필요에 따라 써야 하며, 유방암의 예방을 위해서라도 아이에게 젖을 먹여야 한다. 물론 자식도 비만의 위험에서 벗어날 수 있으니 일거양득이 아닌가. 도랑 치고 가재도 잡을 수 있으니 얼마나 좋은가. 모쪼록 자연의 법칙에 순응하며 살아야 한다.

그러면 사람 세포의 크기는 얼마나 될까? 사람 세포의 크기는 0.01밀리미터 정도가 대부분으로 맨눈으로는 볼 수가 없다. 사람의 눈은 0.1밀리미터까지만 볼 수 있고 그 이하는 볼 수 없는데, 이 0.1밀리미터의 거리를 눈의 해상력이라 한다. 그래서 그보다 작은 것들을 보기 위해 고안된 장치가 현미경이다.

75킬로그램인 사람이 다이어트를 해서 50킬로그램으로 체중을 줄였다면 이 사람의 세포 수도 줄었을까? 아니다. 세포 수는 그대로 있고 세포 속의 물과 지방 성분이 그만큼 빠져나갔을 뿐이다. 그러므로 체중을 줄인 다음에 조금만 더 먹고 운동을 하지 않으면 세포는 다시 물과 지방 성분을 빨아들여 팽팽하게 되고 만다. 이런 사실을 알고 체중 조절을 하면 도움이 될 것이다.

그리고 나이를 먹을수록 체중을 줄여야 하는 과학적 근거도 알아 두는 것이 좋다. 체중이 늘면 늘어난 만큼 모세혈관의 길이도 길어지고, 그 길어진 혈관에 그만큼의 피를 더 보내야 하니 심장은 더 힘이 들 것이 뻔한 일이다. 이렇게 심장의 부담이 커진다는 것은 심장마비를 유발할 위험도 커진다는 뜻이다. 혈관에 지방산의 일종인 콜레스테롤이 쌓이면 혈관은 좁아지고 그 결과 혈압이 높아지는데, 심장 자체에 분포한 혈관인 관상동맥에 이것이 많이 쌓이면 치명적인 결과를 가져온다. 어릴 때 '송아지'였던 사람일수록 나이 들어 이런 증상이 빨리 찾아온다고 한다.

그런데 우리는 흔히 어떤 한 가지 사실에 대해 균형 잡힌 평가를 못 내리는 경우가 너무 많다. 콜레스테롤에 대해서도 그렇다. 흔히 '불필요한' 것으로만 생각하는 콜레스테롤이 우리 몸에 없어서는 안 되는 물질임을 모르는 사람들이 의외로 많다. 콜레스테롤의 중요한 기능은 세포막의 성분이 된다는 것이다. 이 물질이 부족하면 100조 개의 세포가 제 기능을 발휘하지 못할 만큼 콜레스테롤은 세포를 구성하는 데 꼭 필요한 물질이다. 그 외에도 우리 몸에서 성호르몬을 만드는 등 하는 일이 너무도 많다.

사실 쇠고기나 돼지고기에는 콜레스테롤이 많다. 그런데 소, 돼지가 콜레스테롤 때문에 죽었다는 말은 듣지 못했다. 달걀에 콜레스테롤이 많다고 어린아이한테까지 달걀을 먹이지 않는 엄마들이 많고, 어떤 학생은 삼겹살은 아예 안 먹는다고도 한다. 하지만 내 생각에 아직까지는 우리 나라 사람들의 식단에서 동물성 지방이 부족한 편이라고 생각한다(일부 계층을 제외하고는). 모든 음식은 입에 맞으면 몸에 필요한 것이다.

그리고 사탕이 충치의 원인이 된다고 해서 아이에게 사탕을 먹이지 않는 부모가 많다. 사탕은 몸에서 분해되어 포도당이 되고, 포도당은 뇌가 제 기능을 수행하는 데 중요한 에너지원 역할을 하니(그 역할의 70퍼센트 이상을 이 포도당이 맡아 한다고 한다), 사탕이 부정적인 역할만 하는 것은 아니다. 아이들은 골고루 먹여야 한다. 달걀, 돼지 비계, 사탕도 먹여야 하는 것은 당연하다. 부모의 편협한 사고와 어설픈 상식은 아이를 망치고 만다.

세포 속에는 연료를 태우는 난로처럼 열과 에너지를 내게 하는 세포 소기관이 있다. 우리 몸의 불씨는 여기에서 점화되고, 이곳에서 나오는 열 때문에 우리 몸이 따뜻하게 유지되고(정상체온 36.5도) 움직일 수 있는 힘도 생기는 것이니, 눈에도 안 보이는 이 난로를 미토콘드리아라고 이름을 붙였다.

한 개의 세포 속에는 많게는 200여 개의 미토콘드리아가 들어 있다. 이 미토콘드리아는 소화되어 흡수된 양분이 적혈구가 운반해 온 산소를 만나 산화되는 곳이다. 우리가 먹은 음식물은 포도당, 지방산, 아미노산 등 간단한 것으로 바뀌어 피를 타고 각각의 세포로 가고, 허파에서 숨을 쉬어 들어온 산소 역시 피를 타고(적혈구의 헤모글로빈과 결합하여) 여러 세포 속으로 들어간다. 세포에 들어온 양분이 산소와 화합하는 산화 과정에 효소라는 단백질 물질이 관계한다.

이 산화 과정에서 양분에 들어 있던 에너지의 60퍼센트 정도는 열이 되어 체온 보존에 쓰이고, 나머지 40퍼센트는 ATP라는 물질에 저장되어 우리의 모든 생명활동의 에너지원으로 쓰인다. 자동차의 엔진에서 기름이 산화되면 15퍼센트 정도만이 자동차를 움직이는 힘으로 쓰이고 나머지 85퍼센트는 차 열로 바뀌는 것에 비하면 생물체는 40퍼센트나 되는 매우 높은 에너지 효율을 갖고 있는 셈이다. 미토콘드리아와 같은 엔진을 만들 수는 없을까.

미토콘드리아에서 포도당이 피루브산이라는 물질로 산화되고 다시 구연산으로 바뀌는 과정을 TCA회로(Krebs회로)라고 하는데, 한 물질이 회로를 거치면서 호박산이 되고 능금산이 되고 하는 과정에서 그때마다 산소가 소비되고 이산화탄소와 에너지가 들어 있는 ATP가 나온다. 이 이산화탄소는 피를 타고 허파로 가서 숨을 쉴 때 몸 밖으로 나간다. 그런데 이렇게 산소와 결합하여 열과 ATP를 만들 수 있는 것은 우리 몸에 필요한 50여 종의 영양소 중에서 탄수화물, 지방, 단백질뿐이다. 비타민 등의 영양소는 에너지가 되지 못한다.

음식을 먹어도 열이 나지만 술을 먹어도 열이 난다. 한잔 마신 술은 위에서부터 흡수되어(독한 술은 입에서부터 흡수된다) 피를 타고 역시 각 세포의 미토콘드리아로 들어간다. 이 알코올 역시 피루브산을 거쳐 TCA회로로 들어가 산화되어 열을 내게 된다.

알코올은 다른 음식과는 달리 소화효소가 없어도 바로 흡수되어 곧바로 세포(미토콘드리아)로 들어가기 때문에 매우 유용한 에너지원이다. 겨울철 등산에도 알코올은 필수품이며, 식욕이나 혈액순환을 촉진시키는 것은 물론이고 적당히 마시면 정신의 정화(카타르시스)에도 좋다. 약사의 성경인 약전에도 가장 '부작용이 적은 약'이라고 기술되어 있다고 한다. 그러나 과음하면 눈에 뵈는 것이 없어지고 스스로 영웅이 되고 마는데 이를 취중무천자(醉中無天子)라 했던가. 어쨌든 과음하면 간에도 해롭고 골치도 아프다.

술을 많이 마시면 골머리가 아픈 것은 알코올이 피루브산으로 분해될 때 나오는 부산물인 아세트알데히드라는 물질 때문이다. 알코올의 분해산물인 아세트알데히드는 간에서 생성되는 가수분해효소에 의해서 분해되는데, 유전인자가 없어서 이 가수분해효소를 만들 수 없는 사람들이 많다. 이런 사람은 절대로 술을 마셔서는 안 된다. 가수분해를 하는 효소를 만들 유전자가 없기 때문에 연습을 아무리 해 봐도 효소가 생기지는 않는다. 이것도 가계 유전의 하나이다.

여러분이 지금 읽은 내용들은 실제로 세포에서 일어나는 많은 현상들의 만분의 일도 안 된다. 그래서 세포를 소우주(小宇宙, small cosmos)라고 한다. 그러므로 우리 몸은 100조 개에 달하는 소우주가 모여서 이루어진 것이다.

하등동물이 내 몸에······

       사람의 몸 속에도 하등동물이 가지고 있는 여러 가지 특징(기관)이 있는데 몇 가지만 예를 들어 보자. 이를 두고 그것이 바로 진화의 흔적이라고 허튼 소리를 하는 사람도 있을 터이다.

       아메바는 단세포 동물로 세계적으로 1만 6000여 종이 있다. 맨눈으로는 볼 수 없는 매우 작은 동물로 헛발(헛다리)을 가지고 있는 것이 특징인데, 세포의 어느 부분에서나 일부가 쑥 튀어나와 그것이 발이 되어 기어간다.

       그런데 이 아메바는 우리 몸의 창자, 치아, 피 속에도 있다. 큰창자에 이질아메바 숫자가 많아지면 창자벽에 상처가 나서 곱똥을 자주 보는 설사병인 이질을 일으키기도 한다. 이 외에도 창자에는 비병원성 아메바가 여러 종류 살고 있다. 그리고 우리의 치아에도 아메바가 살고 있는데 이빨 위를 아무리 기어 다녀도 우리가 전혀 느끼지 못하는 미생물인 치은아메바는 치석(齒石)의 원인이 된다.

사실 우리의 내장에는 2000여 종의 세균이 득실거린다. 이들 세균들이 균형을 이루고 있으면 몸이 건강한 상태이고, 어느 하나가 득세하면 그것이 병인 것이다. 유산균을 먹으면 창자 내 세균들 사이의 평형 유지에 효과가 있고, 평형만 유지된다면 그 많은 종류의 세균은 모두가 우리 몸에 필요한 것들이다.

대장균의 예를 봐도 그렇다. 너무 많으면 설사를 일으키지만 적당한 대장균은 꼭 있어야 하는데, 이 대장균은 섬유소 등을 분해하여 비타민B, K 등을 큰창자가 흡수토록 해 주기 때문이다. 병을 치료하기 위해 항생제를 오래 먹으면 대장균이 모두 죽고 그 결과 비타민K가 흡수되지 못해 혈액이 응고되지 않는다. 비타민K는 혈액응고에 관여하는 물질의 합성을 주도하기 때문이다. 세상에는 절대적으로 나쁜 것은 없는 법이다. 필요악일지언정 다 필요한 것이다.

그럼 피 속의 아메바는 어떤 것일까? 백혈구는 아메바운동을 한다. 백혈구도 여러 종류가 있는데 모두가 아메바운동을 하며 헛발을 내어 세균을 감싸서 삼켜 소화시켜 버린다. 이것을 식균작용(食菌作用)이라 한다. 백혈구는 우리 몸을 세균이나 바이러스로부터 보호하는 최전방 군인이요, 민방위 대원이다. 이렇게 몸에 꼭 필요한 백혈구도 너무 많으면 백혈병이 되고, 적으면 패혈증을 막을 수 없게 된다. 욕심쟁이 인간들이 새겨들을 내용이다.

그리고 지렁이가 움직이듯 꿈틀꿈틀 운동(연동운동)하는 기관이 우리 몸 속에 있다. 식도에서 시작해 위, 작은창자(소장), 큰창자(대장) 모두가 꿈틀운동을 해서 먹은 음식물을 천천히 아래로 내려보낸다. 여기서 배가 고프면 뱃속에서 '꼬르륵' 소리가 나는 이유와 손가락을 꺾으면 '딱' 하는 소리가 나는 까닭을 알아 보자. 가정에서 보일러를 틀었을 때 방바닥의 관 속에서 '꼴꼴' 하는 소리가 나는 것을 들은 적이 있을 것이다. 관 속에 물과 함께 공기가 들어가 있기 때문에 나는 소리로, 밀려가는 물 사이에 끼인 공기층이 압박을 받다가 옆으로 비켜날 때 나는 소리다. 마찬가지로 창자에서 소화가 진행되면서 세균들이 분해한 찌꺼기에서 메탄, 암모니아, 황화수소 등의 가스가 생기는데 이것들이 창자의 꿈틀운동으로 내용물 사이에 끼어 압박을 받다가 옆으로 밑으로 비켜나는 소리가 바로 '꼬르륵'인 것이다. 또 손가락을 비틀면 손가락 사이의 공기가 압박을 받다가 역시 옆으로 빠지면서 '딱' 소리를 낸다. 어린아이의 손가락은 눌러 비틀어도 소리가 잘 나지 않고 늙을수록 관절 사이에 공기가 많아져서 큰 소리가 난다. 그러나 한 번 소리를 낸 후 곧바로 다시 꺾으면 소리가 나지 않고 어느 정도 시간이 지나야(관절 사이에 다시 공기가 들어갔을 때) 다시 소리가 난다는 것을 알고 있을 것이다. 이렇게 우리 몸 속에는 곳곳에 공기가 들어 있고 꿈틀꿈틀 움직이는 기관도 있다.

아메바운동, 꿈틀운동뿐만 아니라 편모운동을 하는 것도 우리 몸에 있다. 연두벌레(유글레나)가 갖고 있는 편모를 사람도 몸 속에 갖고 있으니 바로 남자의 정자(精子)다. 난자는 배란되면 난소 바로 아래로 떨어지게 되고, 여성의 질에 사정된 정자가 수란관(나팔관)을 타고 난자까지 달려간다. 사정된 3~5억 마리 중에서 건강한 수십 마리만이 꼬리를 흔드는 편모운동으로 목적지에 도달할 수 있다. 정자의 이동 거리는 사람으로 치면 부산에서 대마도까지 수영하는 거리보다 먼 거리라고 한다. 그 많은 놈들 중에서 일등을 한 놈이 수정의 영광을 차지한다.

이렇게 수정된 수정란은 일주일 동안 천천히 여행하여 자궁에 닿는데 이때 수란관 벽의 섬모가 운동하여 수정란을 천천히 아래로 내려가게 해주고 수란관의 꿈틀운동도 보조 역할을 한다. 이때의 섬모운동도 하등동물들의 운동 방식의 하나다.

수정 후에는 곧 난할(卵割)을 시작한다. 수정란이라는 하나의 세포가 둘, 넷, 여덟…… 계속해서 갈라지는 것을 난할이라 하는데, 세포가 둘이 되었을 때 어떤 원인으로 두 세포가 따로 떨어져 버리는(나뉘는) 경우가 가끔 있다. 이것이 일란성 쌍둥이로 성, 얼굴 모양, 유전적 성질이 모두 같다. 이렇게 하나가 둘로 갈라지는 것도 아메바나 짚신벌레의 이분법과 다를 바 없는 하등한 번식법의 하나이다.

수란관 벽의 짚신벌레 같은 섬모운동과 지렁이 같은 꿈틀운동으로 수정란이 아래로 옮겨지는데, 자궁까지 이동하는 데 일주일이 걸리며 흔히 이때 산모는 태몽을 꾸게 된다.

여기에서 잠시 태몽이 우리 몸과 어떤 연관이 있는지 살펴보자. 대체로 자기가 경험했던 일, 바라는 일, 자기 몸이 현재 겪고 있는 일이 꿈으로 나타난다고 한다. 가령 술에 취해서 넥타이를 꽉 맨 채 잠이 들었다면 밤새도록 목이 졸리는 꿈을 꾼다는 것이다. 또 꿈에 도둑이 창문을 따는 소리가 들려 놀라 깨어 보니 정말로 도둑이 들었다든지, 장이 좋지 않으면 홍수가 나는 꿈을 꾸게 되는 것들이 바로 꿈과 육체의 관계를 말해 준다. 태몽도 육체의 변화와 직접 관련이 있는 것으로 보인다.

그러면 둥근 수정란이 아래로 이동하면서 수란관의 벽에 자극을 준다거나, 수란관이 꿈틀운동을 계속한다면 어떤 꿈을 꿀까? 필자의 처가 셋째 아이를 가졌을 때의 일이다. 자기가 어릴 때 자랐던 시골 뒷산(경험한 것)에 올라갔더니 꿩이 후다닥 날아가기에 그곳을 찾아가 보니 알 다섯

개가 있어 '내가 태몽을 꾸고 있나 싶어(바라는 일)' 풀로 잘 덮어 두었다는 것이다. 그날 아침 일찍 부산에 계시던 어머니에게서 몸조심하라는 전화가 왔다고 한다. 그분도 '알꿈'을 꾸셨던 모양이다. 태몽에 '알'이 많이 나오는 것은 둥근 수정란이 수란관의 벽을 자극한 결과 나타난 현상이라고 볼 수 있다. 그런가 하면 용꿈을 꾸었다는 사람은 또 얼마나 많은가. 사실은 지렁이꿈이나 뱀꿈이었을 것이다. 수란관의 꿈틀운동이 지렁이꿈으로 나타나고 그것이 다시 용꿈으로 바뀐 것일 게다.

태몽은 암시하는 바가 크다. 이제 당신은 임신이 되었으니 음식을 조심하고, 마음을 편히 가질 것이며, 격한 노동도 삼가고, 이제부터 약이라는 약은 한 알도 먹어서는 안 된다는 경고의 의미가 들어 있는 것이다. 암세포가 다른 조직에 침투하듯 수정란은 곧 낭배기가 되어 자궁벽을 뚫고 들어가 어미로부터 양분과 산소를 얻게 되기 때문이다.

그러면 임신한 모체가 항생제를 먹었다고 가정해 보자. 적혈구 같은 큰 물질을 제외한 거의 대부분이 어머니의 피 속에 있다가 태반을 거쳐 태아에게 전달된다. 항생제도 예외가 아니어서 태아의 몸에 들어가 돌연변이를 일으키며 중금속이나 살충제 못지않은 부작용을 초래한다. 항생제는 세균을 죽인다. 세균은 세포다. 사람의 몸은 세포로 되어 있다. 그러므로 세균뿐만 아니라 인체의 세포에도 항생제는 매우 해롭다.

항생제뿐만이 아니다. 우리 나라 사람들은 약이 독이라는 것을 모르고 약을 남용하고 있다. 부작용이 가장 적은 약으로 알려져 있는 '환상의 약'인 아스피린도 위벽의 출혈, 적혈구의 감소 등 큰 문제를 일으킨다. 고깝게 생각할지도 모르지만 가장 깊이 반성해야 할 사람은 약사와 의사다. 아마 자기 자식들에게는 그렇게 많은 약을 권하지도 먹이지도 않을 것이다. 작은 종기에도 소염제에 진통제에 항생제에 약이 한 주먹이다. 조금만 문제가 있는 것 같아도 병원, 약국부터 찾는 약 의존성 환자도 문제지만 그렇게 길을 들인 의사와 약사의 책임 또한 크다. 성인에게도 큰 문제가 되는 약들이 아직 기관도 채 형성되지 못한 태아에게 어떤 영향을 미칠 것인가는 불문가지이다. 육체적인 장애는 물론이고 뇌의 발육을 억제해 저능아가 되기도 한다. 어느 약이나 다 그렇다고 믿자.

그래서 태몽이 있는 것이다. 생리가 없는 것을 보고 그제야 임신한 사실을 알아차린다면 분명 아둔한 모체이다. 알기 전에 이미 먹은 약들로 핏덩어리가 약덩어리가 되고 말았으니. 약(藥)은 독(毒)이다. 약의 독을 모르는 사람은 하등동물이고.

물고기는 조개에 알을 낳고,
조개는 물고기에 새끼를 붙인다

춘천 의암호의 물고기와 조개가 어떻게 어울리고 또 더불어 사는가를 살펴보자.

자연계를 관찰해 보면 신기하고 놀랄 일들도 많고 배울 것도 너무 많다. 생물들은 어느 것이나 저보다 약한 놈이 있어 그것을 잡아먹고, 또 강한 놈에게는 잡아먹힌다. 먹고 먹히는 관계에서 먹히는 놈(피식자被食者)이 먹는 놈(포식자捕食者)보다 열 배는 많아야 먹이그물이 형성된다. 물론 개체 수도 피식자가 많아서 순서대로 쌓아 보면 피라미드 모양을 하기 때문에 이를 먹이피라미드(food pyramid)라고 한다. 어떤 원인에 의해서든 이 피라미드 모양이 허물어진 상태를 생태계의 파괴라고 한다.

포식자는 피식자의 천적이다. 그러나 만일 피식자가 줄어들거나 없어지면 포식자 자체도 생존에 위협을 받기 때문에 포식자가 피식자를 멸종시키는 일은 절대로 없다.

배추흰나비의 유충이 배춧잎을 갉아먹는 것을 잘 관찰해 보아도 그렇다. 큰 잎은 무참히 갉아먹으면서도 신기하게도 연하고 작은 순은 건드리지 않는다.

세상엔 공짜가 없다. 아프리카의 사자가 사슴을 잡아먹긴 하지만, 사정없이 먹어 대는 하이에나의 접근을 막아 주고, 약한 사슴을 먼저 잡아먹기 때문에 좋은 형질을 유지시켜 주고, 사슴 집단의 수를 조절하는 일을 해 준다. 공짜 없는 공생의 좋은 예다.

그러면 의암호의 물 속을 들여다보자. 의암호에는 33종의 어류와 24종의 패류가 살고 있는데, 물고기를 채집하여 잘 관찰해 보면 지느러미에 조개 새끼가 다닥다닥 붙어 있는 경우가 있다. 그런가 하면 조개를 잡아 해부해 보면 속에 물고기의 새끼(치어稚魚) 여러 마리가 꼼지락꼼지락 움직이고 있다.

패류 중에서 어떤 놈들은 발생된 새끼를 물고기에게 붙여 두는데 대칭이, 두드럭조개, 말조개, 칼조개, 도끼조개 등 우리 나라의 11종의 석패과 무리가 바로 그런 종이다. 이 조개들은 멀리 이동하지 못한다. 그래서 이동성이 강한 물고기에게 새끼를 붙여서 먼 곳으로 시집을 보내는 방법을 터득한 것이다. 조개의 새끼는 물고기의 몸에 붙어 살다가 20~30일이 지나면 아무 데나 떨어져 그곳에서 새 삶을 살아간다. 이렇게 자손을 먼 곳까지 퍼뜨리는(민들레씨가 바람에 날려가듯) 현상을 방산적응(放散適應)이라고 한다. 모든 생물은 많은 자손을 퍼뜨리려는 강한 본능을 갖고 있다.

그러면 이 석패과 조개들이 새끼를 어떻게 다른 동물의 몸에 붙이는가가 궁금하다. 물고기나 다른 동물이 조개에 알을 낳으러 오거나 가까이 지나가면 조개는 발생 중인 새끼를 세차게 내뿜어 그들의 몸에 달라붙게 한다. 발생이 끝나지 않은 새끼를 글로키디움(glochidium)이라고 하는데, 글로키디움은 몸에 긴 실과 낚싯바늘 같은 많은 갈고리를 가지고 있어서 실로 지나가는 물고기에게 몸을 걸고 갈고리로 깊게 찍어 달라붙는다. 달리는 열차 위에 사뿐히 올라서는 슈퍼맨처럼. 그리고 식물의 뿌리 같은 조직을 만들어 물고기의 근육에 꽂아 넣고는 물고기의 양분을 가로채 새끼 조개로 커 간다. 점차 껍데기도 딱딱하게 생기고 크기도 커져서 때가 되면 툭 바닥으로 떨어져 그곳에서 살아간다. 물고기는 여러 마리의 글로키디움이 달라붙으면 많은 양분을 빼앗기지만 참는다. 언젠가는 조개의 신세를 져야 하기 때문이다.

그러면 물고기는 어떻게 조개에 알을 낳을까? 모든 물고기가 조개에 알을 낳는 것은 아니다. 납줄쟁이, 납줄개, 납자루, 납지리, 각시붕어 무리 9종과 중고기 무리 2종만이 그렇다. 이 물고기들은 우리 나라, 중국, 일본 등 세 나라에만 분포하기 때문에 이들에 관한 연구도 주로 이 세 나라에서 이루어지고 있다. 이 물고기들은 수조에서 잘 살고 색이 고운 예쁜 고기라 관상용으로 각광을 받고 있으며 조개와 같이 키우면 새끼도 쉽게 얻을 수 있다.

지금까지의 연구에 의하면 이 물고기들은 반드시 조개의 몸 속에 알을 낳는 특성이 있다고 한다(필자의 제자인 송호복 씨가 이들 물고기의 생태를 연구하여 학위를 받았고 세계에서 독보적인 업적을 쌓았다). 이해를 쉽게 하기 위해 줄납자루의 예를 들어 보자. 줄납자루는 다른 물고기처럼 수놈이 암놈보다 크고 산란기가 되면 강한 혼인색(婚姻色)을 띤다. 혼인색이란 산란기에 수놈 몸의 색이 예쁘게 변하는 것을 말하는데, 도롱뇽 같은 양서류에게서도 나타나는 현상으로 웅성(남성)호르몬의 변화 때문에 생긴다. 그런가 하면 줄납자루 암놈은 6~8월의 산란기가 되면 산란관을 길게 뻗어 내는데 이 산란관을 조개의 출수공에 집어넣어 알을 낳는다. 조개의 새끼는 실과 갈고리로 물고기의 몸에 달라붙고, 물고기는 호스(산란관)로 알을 조개의 몸에 쏟아붓는다.

그리고 물고기는 체외수정을 하는 동물이다. 암놈이 산란한 후에 수놈이 정자를 뿌려 주어야(방정해야) 수정이 되어 새끼 물고기로 발생한다. 그런데 암놈이 산란하는 데 수놈의 역할이 매우 크다. 수조에 조개와 줄납자루를 넣고 관찰한 결과 흥미로운 것은 사람이나 동물이나 수놈의 세계는 큰 차이가 없다는 것이다. 도둑이 들면 남자가 위험을 무릅쓰고 달려나가듯이, 한 마리의 조개 근방에는 경계의 눈초리를 한 수놈 물고기가 배회하면서 그 조개에 접근하는 다른 수놈을 세력권 밖으로 쫓아 낸다. 그러다가 암놈이 접근하면 조개 쪽으로 암놈을 친절하게 안내하고 산란 시간이 되었을 때는 암수 두 마리가 몸을 심하게 떨면서 출수공 가까이 접근한다. 그리고 암놈이 산란관을 정확하게 출수공에 꽂아 알을 낳고 나면 곧바로 수놈이 근방에 정자를 뿌린다. 이렇게 해서 산란된 알은 조개의 몸 속에서 수정되고, 약 30일 간(조개 유생의 부착 기간과 거의 일치한다) 그 속에서 발생하여 새끼 물고기가 되어 나온다. 새끼 물고기는 조개에 대해서 매우 친밀감을 느끼고 있을 것이고, 그래서 성숙하면 다시 조개 속에 산란하게 된다. 연어의 치어가 북태평양까지 가서 살다가도 알을 낳을 때가 되면 제가 태어난 강으로 찾아오는 원리와 어쩌면 비슷하다.

조개라는 동물은 딱딱한 껍데기(집)를 갖고 있어서 적의 공격이 있으면 그저 두 껍데기를 닫기만 하면 된다. 줄납자루가 알을 자갈이나 수초 사이에 낳았다면 부화도 되기 전에 다른 물고기의 밥이 되기 십상인데, 조개의 몸 속에 넣어 두었으니 안전하기 짝이 없다. 인큐베이터에 넣어 둔 조산아 같다고나 할까.

앞의 예는 생물 세계에서 벌어지는 일들의 극히 작은 일부일 뿐이다. 온 생태계가 이렇게 주고받는 관계로 얽혀 있다. 빚지고 은혜를 갚지 않는 생물은 없다.

이렇게 자연 속에 숨어 있는 비밀을 밝히는 일은 힘은 들어도 큰 기쁨이 따른다. 이런 보잘것없어 보이는 기초과학의 연구는 말 그대로 과학의 기초가 된다. 일본만 해도 앞에서 이야기한 석패과 조개에서 인공 담수 진주를 뽑아 내고 있다. 이런 응용과학은 기초과학의 도움 없이는 불가능하다. 조개의 껍데기를 잘게 부순 조각을 석패과의 껍데기를 살짝 열고 외투막(外套膜) 안에 넣어 두면, 외투막이 분비한 진주 성분이 그 조각을 감싸고 시간이 지나면서 진주층이 두꺼워져 크고 작은 인공 진주(양식 진주)가 된다.

순수과학(기초과학)을 하면 배고프다. 그러나 적게 먹으면 오래 산다는 보상이 있으니 좋다. 줄납자루는 다른 물고기보다 알의 수가 적다. 그 보상으로 조개에 알을 낳는 기발한 방법을 찾았으리라. 아인슈타인은 노벨상 수상식장에서 기자들의 질문에 '자연의 비밀이 신비로워' 자연과학을 했노라고 대답했다고 한다. 이 세상에는 오늘도 많은 학자들이 '자연의 비밀'에 미쳐 외곬으로 넋을 잃고 연구에 빠져 있다.

|왼손잡이 사나이|

"왼새끼를 꼰다"는 속담이 있다. 매우 걱정되어 조심스럽게 하는 말과 행동을 비유해 하는 말로, 일이 어떻게 될지 모르게 꼬여 갈 때도 쓰는 말이다. 출산을 알리는 금줄도 왼쪽으로 꼰 새끼를 쓰고, 돌림병이 돌았을 때도 왼새끼에 흰종이를 끼워 걸었다고 한다. 모두가 잡귀들은 왼쪽 방향을 싫어한다는 토속신앙에서 온 것이다. 마을 입구의 신목(神木)에 걸려 있는 줄도 왼쪽으로 꼬았고, 상주의 허리에 맨 굵은 띠도 왼쪽으로 꼰 것이다.

그렇듯 삶과 죽음, 육체와 정신을 가를 때도 왼쪽으로 꼰 끈을 쓴다. 우주는 어둠과 밝음, 안과 밖, 위와 아래, 낮과 밤, 음과 양, 겉과 속, 남과 북, 왼쪽과 오른쪽 등 상대적이고 이원적(二元的)인 요소들로 구성되어 있다. 아메바처럼 몸이 형태를 바꾸는 동물을 제외한 생물들 대부분이 대칭축을 중심으로 좌우 대칭의 모습을 띠고 있다.

우리의 몸을 보아도 좌우 대칭을 이루고 있어 눈도 두 개, 콧구멍도 두 개다. 개, 소도 그렇고 무당벌레도 그렇다. 식물의 이파리를 봐도 큰 잎맥을 중심으로 좌우 대칭이다. 이것은 곧 조화를 의미한다.

우리는 예부터 왼손을 천시해 왔다. 술잔도 왼손으로 건네 주면 안 되었고, 숟가락도 오른손으로 잡아야 했다. 소변을 본 후에는 왼손으로 바지를 올렸다니 알 만하다. 본디 왼손을 즐겨 쓰는 아이가 부모의 성화로 오른손잡이로 길들여졌다가도 중요한 일을 하거나 다급할 때는 자신도 모르게 왼손을 쓰는 것을 주위에서 보았을 것이다. 왼손, 오른손의 쓰임은 유전된 것이기에 겉은 몰라도 속까지 고칠 수는 없는 일이다.

서양에서도 왼손잡이를 '레프트핸디드(lefthanded)'라 하여 옛날에는 어색한 상태를 일컫거나 '불길한'이라는 뜻으로 썼다고 한다. 왼손잡이들이 고개를 비틀고 글을 쓰는 모습이 매우 어색해 보이는 것은 사실이다. 하지만 왼손잡이를 억지로 오른손잡이로 만드는 것은 성격 형성에도 좋지 않은 영향을 끼치므로 굳이 야단쳐 가며 가짜 오른손잡이로 만들 필요는 없다. 매사가 상대적이라 만일 왼손잡이가 대부분이었다면 오른손잡이는 '불길한' 존재가 되고 말았을 터이다. 세상에 그런 일이 어디 하나 둘인가. 애꾸눈 세상에서는 두 눈 가진 놈이 '애꾸'가 된다.

그런데 사람만이 오른쪽을 선호하고, 오른쪽이 우세한 것은 아니다. 식물의 덩굴손도 오른쪽으로 감아 나가는 것이 거의 대부분이다. 나팔꽃이나 완두의 덩굴손도 오른쪽으로 감고 올라간다. 달팽이도 오른쪽으로 감은 놈들이 대부분이다. 우리 나라 땅에 사는 육산패류 110여 종 중에서 6종만이 왼쪽으로 감고, 강에 사는 담수패류 50여 종 중에서도 단 한 종만이 왼돌이다. DNA의 2중 나선구조도 오른쪽으로 감겨 있다. 그런데 왜 이렇게 '오른쪽'이 우세한가를 설명하기는 매우 어려워 원자의 세계까지 거슬러 올라가 보지만 확답은 아직 없는 상태이다.

지구의 모든 문화가 지구 북반구의 것임을 알아 둘 필요가 있다. 그러고 보면 우리 나라도 자리를 잘 잡은 나라다. 북반구는 태양이 동쪽에서 떠서 서쪽으로 가면 그림자는 왼쪽에서 오른쪽으로 이동하고 그 이동방향은 시계가 도는 방향이다. 그러나 남반구는 반대 방향으로 그림자의 궤적이 생긴다. 물이 구멍으로 흘러들어가면서 생기는 소용돌이도 북반구에서는 오른쪽으로 돌며 들어가지만 남반구에서는 왼쪽으로 회전하며 들어간다. 남반구에서는 식물도 왼쪽으로 감고 올라간다. 우리가 한여름이면 그쪽은 한겨울이고, 우리가 봄이면 그쪽은 가을이다. 남반구의 집의 창문은 어느 쪽으로 나 있겠는가도 짐작이 갈 것이다.

운동장에서 육상경기를 할 때 사람은 몸의 약한 쪽을 안쪽에 두고 돌아야 돌기가 쉽기 때문에 트랙을 왼쪽으로 끼고 돈다. 급하면 오른손을 흔들면서 왼쪽으로 도는 것이 편하기 때문이다. 따라서 왼손잡이는 오른쪽으로 도는 것이 훨씬 편할 것이라는 것을 알 수 있다.

사람 중에도 겉은 문제가 없는데 내장의 위치가 뒤바뀌어 있는 사람들이 있다. '내장 역위'인 사람으로, 정상인의 오른쪽 기관이 왼쪽으로, 왼쪽 것이 오른쪽으로 가 있다. 그래서 그런 사람들은 간도 왼쪽 갈비뼈 아래에 있고 맹장수술을 해도 왼쪽 아래를 갈라야 한다.

실제로 야전병원에서 있었던 일이다. 엑스레이 사진을 찍을 여유가 없어 보통 수술하는 자리를 열었는데 당연히 있어야 할 맹장이 없었다는 것이다. 영특한 의사는 '내장 역위'가 생각나서 얼른 반대쪽을 갈라 환자를 살려 냈다고 한다. 이런 경우는 환자 자신이 자기 몸 속 기관들이 반대로 있다는 것을 미리 알고 있었다면 좋았을 뻔했다.

앞에서 사람의 몸이 좌우 대칭이라고 했으나 완전한 대칭은 아니다. 누구나 좌우 중 어느 하나가 더 우세하다. 팔과 다리도 어느 한쪽이 길다. 눈도 어느 하나가 크고, 귓바퀴도 그렇다.

우리의 뇌도 한쪽이 많은 일을 하고 있어 좌우의 균형을 맞춰 주는 것이 좋다. 오른손잡이는 왼손을, 반대로 왼손잡이는 오른손을 많이 사용하는 것이 좋다고 한다. 또 주로 쓰는 쪽을 다쳤을 때를 대비하는 의미에서도 그렇다. 필자는 오른손잡이라 뇌의 왼쪽이 일을 많이 하고 오른쪽은 상대적으로 약한 편이니, 왼손을 많이 쓰려고 노력한다. 이를 닦을 때도, 화분을 옮길 때도, 화분에 물을 줄 때도 의식적으로 그렇게 한다. 오른쪽 반구(半球)의 뇌신경은 숨골(연수)에서 꺾여 몸의 왼쪽으로 흐르고, 반대로 왼쪽의 것은 교차되어 오른쪽에 분포한다. 그래서 사고를 당해 뇌를 다쳤다면 다친 뇌의 반대쪽 팔다리에 장애가 오게 된다.

그런데 우리의 대뇌는 한 개라기보다는 두 개라는 편이 옳다. 왜냐하면 양쪽 반구가 맡아 하는 일이 조금씩 다르기 때문이다. 왼쪽 대뇌 반구는 언어, 수리와 같은 지능적이고 논리적인 일에 주로 관여하고, 오른쪽 반구는 공간, 음악, 예술 등의 심미적이고 감성적인 부분을 주로 맡아 한다. 그래서 왼쪽 뇌를 다치면 말도 못 하고 '바보'가 되기 쉬우나, 오른쪽을 다치면 말은 한다. 흔히 여자는 오른쪽 뇌가 더 발달하고 남자는 왼쪽이 발달한다는데 똑똑하고 달변인 여자들이 많은 것을 보면 그렇지만도 않은 것 같다.

앞에서 내장 역위를 간단히 설명했는데 이것은 염색체의 이상 때문이다. 염색체의 내장을 결정하는 부분에서 돌연변이에 의한 역위(逆位)가 일어난 것이다. 쉽게 말해서 염색체 일부의 자리가 바뀌었다는 말이다. 그러나 그나마 천만다행한 일이다. 만일 그 부분이 떨어져 나가 버리기라도 했다면 내장이 없는 아기가 태어났을 테니 말이다. 실제로 두개골은 있으나 그 속에 뇌가 없는 '무뇌아'가 태어나는 일도 있다. 태어나는 아이들 중에 육체적인 것과 정신적인 것을 합치면 아마 5퍼센트 이상이 비정상아일 것이다.

염색체가 하나 더 많아(18번이나 21번 염색체에 주로 나타난다) 47개의 염색체를 가진 아이를 '다운증후군'이라고 하는데 얼굴이 메주 비슷하고 심한 저능아(IQ 50)다. 우리 나라에도 서른다섯 살 이상의 나이 많은 산모에게서 주로 태어난다. 이 외에도 다 열거할 수 없을 만큼 많은 돌연변이성 비정상아들이 태어난다. 손가락의 관절이 하나 없는 단지증, 손가락 사이가 붙은 합지증(산모에게 오리알을 먹지 못하게 하는 것은 이런 오리의 발을 닮은 손발을 가진 아이가 태어나곤 했기에 생긴 풍습인데 과학적으론 근거가 없다), 육손이와 같은 다지증 등도 있다.

생물의 세계는 다양한 것이 특징이다. 그러면서도 작고 크며, 적고 많으며, 길고 짧은 것으로 통일과 조화를 이루고 있다. 그 세계의 한 구성원인 사람도 예외는 아니라, 왼손잡이도 있고 오른손잡이도 있는가 보다.

생물들은 어떻게 몸을 보호하는가

내가 어렸을 때는 살갗이 가렵거나 벌레에 물리면 본능적으로 침을 발랐고, 특히 아침에 일어나자마자 바르는 침이 치료효과가 제일 좋다고 믿으며 살았다. 연고니 물파스니 하는 것은 없었지만 침은 항상 있었다. 그리고 낮에 손가락 살점이라도 날아가면 생솔가지를 태워 그 연기로 살균하고 나서 담뱃잎 한 장을 친친 감아 두었고, 머리카락이 동전 모양으로 둥글게 빠지는 일명 '기계총(두부백선)'에는 왕겨에서 짠 검은 기름을 발랐다. 또 밤마다 배가 아프고 설사가 나는 만성 위염·장염에는 볏잎 끝에 맺힌 아침 이슬을 모아 마셨다. 옛날에는 주로 자연을 이용하거나 세균의 침입에 대한 몸 자체의 방어 체제를 믿고 살았다.

식물도 저마다 제 몸을 보호(방어)하기 위한 장치를 갖고 있다. 아카시아나 장미는 줄기에 가시가 돋아 있고, 호박잎에는 껄끄러운 센털이 있으며, 쐐기풀은 쏘기까지 하고, 옻나무 옆에 가면 옻이 오른다. 풀에도 독초가 있고 버섯에도 독버섯이 있어 조금만 먹어도 치명적인 경우가 많다. 사실 우리가 즐겨 먹는 식품인 감자, 당근, 호박, 고추 등도 모두 독을 가지고 있으며, 심지어는 암을 유발하는 물질까지 들어 있는 경우도 있다. 불에 익혀 독성이 파괴되고 줄었을 뿐이다. 그래서 어느 식품이나 한 가지를 장복하는 것은 해로운 일이며, 몸에 좋다는 인삼도 과용하면 오히려 해롭다는 것은 상식으로 알고 있어야 한다. 우리는 고사리, 취나물, 피마자잎도 삶아 물에 오랫동안 담가 독을 빼내고 먹는 슬기를 어머니에게서 배워 왔다. 곤충의 유충들도 아무 풀잎이나 먹지 않고 즐겨 먹는 식물이 따로 정해져 있다. 배추흰나비의 유충은 배추, 무 등의 십자과 식물을 먹고 사과나무, 대추나무 잎은 먹지 않는다.

그런데 어떤 식물이 한 종류의 유충에게 계속 공격을 받으면 식물은 그 유충에게 해로운, 새로운 화학물질을 만들어 방어하고, 그러면 그 유충은 유전적 변이를 일으켜 그 새로운 물질이 자신의 몸에서 독성을 발휘하지 못하게 한다. 동식물 사이에서는 이런 진화가 반복해서 일어난다. 이렇게 동물과 식물은 무섭게 '머리싸움'을 하면서 살아남는다. 식물은 몸에 상처가 났을 때도 균의 침입을 막기 위해 진을 분비해 상처를 막는다. 소나무의 송진이나 복숭아나무에서 나오는 진이 그런 것들이다.

식물이 살기 다툼에서 이기기 위해 여러 가지 수단을 동원하듯이 동물도 마찬가지다. 복어의 알, 홍합의 독, 굴의 독, 털골뱅이의 침샘, 뱀과 벌의 독, 메뚜기가 토해 내는 침 등은 모두가 자기 방어를 위한 것이다. 특히 식물의 새싹과 동물의 알에는 강한 독성분이 들어 있다. 굴[石花]의 경우를 예로 들어 보면, 굴은 산란기인 5월에서 8월까지는(영어 표기로 r자가 들어 있지 않은 달) 날것으로 먹지 않는데 이때는 알 속에 독이 들어 있기 때문이다. 굴의 알에 독이 있듯이 감자의 싹에도 독이 있다.

그러면 사람은 어떻게 균(세균, 바이러스, 곰팡이, 기생충)의 침입을 막고 있을까? 눈에서는 눈물이 균의 침입을 막는데, 세균에 눈물을 떨어뜨려 관찰해 보면 세균이 죽는 것으로 보아 눈물이 단순한 물이 아님을 알 수 있다. 눈을 깜박일 때마다 눈물주머니에서 조금씩 나오는 이 눈물은 눈알의 움직임을 원활하게 할 뿐만 아니라 눈물 속에 들어 있는 라이소자임(lysozyme)이 세균의 활동을 억제하는 일을 한다. 어린아이가 잠이 오면 눈을 비비는 것도 눈물주머니를 눌러 눈물이 나오게 하려는 것이다. 잠이 오면 눈물주머니가 열리지 않기 때문이다. 따라서 눈곱에는 먼지 외에도 맥빠진 세균들이 그득 들어 있다. 눈에 염증이 있으면 눈곱이 노랗고 강냉이만큼이나 큰 것도 그 때문이다.

건강할 때도 콧속에는 점액이 항상 조금씩 분비되어 균의 침입을 막고 있지만, 콧물감기에라도 걸리면 콧물은 그야말로 '폭포'처럼 쏟아진다. 콧물은 침입한 균을 씻어 내는 중요한 생리 현상의 하나다. 많은 사람들이 이 콧물 자체를 무슨 큰 병쯤으로 여기거나 귀찮아서 콧물이 못 나오게 하는 약을 사 먹는데 그것은 큰 잘못이다. 제 몸에서 일어나는 일들은 다 이유가 있고, 제 몸을 보호하기 위한 현상임을 알아야 한다. 또 코딱지는 비강 점막에서 나온 점액에 먼지와 세균들이 묻어 굳은 것으로 역시 몸(코)을 보호하는 일을 한다. 일부러 후벼서 떼어 낼 필요는 없다.

귀지는 코딱지와 마찬가지로 귓길 둘레에서 끈끈한 지방성 점액이 계속 분비되어 굳은 것으로, 바깥귀에서 균의 침입을 막고 귀 속에 곤충이 들어왔을 때 이것을 먹고 죽게 한다. 귀지는 독이 있어 귀를 보호하는 것이니 역시 전부 다 후벼 낼 필요는 없다.

온몸에서 분비되는 땀 또한 균을 무력화시켜 침입을 막는다. 우리 몸에서 분비되는 모든 점액(가래까지도)은 염분을 포함하고 있어서 균의 번식을 막아 준다. 운동 후에 서늘한 그늘에서 땀을 말린 후 이마를 만져 보면 바로 그곳이 '염전'임을 알 수 있을 것이다. 이럴 때는 소금을 먹어 줘야 하는데 염분은 우리 몸에 매우 중요한 성분이기 때문이다. 적절한 운동으로 적당한 땀을 흘리는 것은 여러 가지로 좋다.

다음은 침이 하는 일을 보자. 침에는 탄수화물(녹말)을 분해하는 효소인 프티알린(ptyalin)이 들어 있어서 다당류를 이당류까지 가수분해한다. 침은 이런 소화 기능을 갖는 동시에 균을 죽이는 일도 한다. 요즘 사람들이 흔히 사용하는 연고에는 부신피질호르몬이 들어 있어서 몸에 해로우니 심하지 않은 가려움 정도는 연고 대신 침으로 족하다. 약치고 몸에 해롭지 않은 것이 없다. 약을 남용한 사람은 정작 큰 수술 후에 약발이 받지 않는다는 것을 알아야 한다. 항생제가 특히 더 그렇다. 물론 급하면 약도 먹고 병원에도 가야 하지만, 견딜 만한 것은 견디어 몸이 스스로 해결하도록 시간을 주어야 한다. 실제로 병을 치료하는 것은 약이 아니라 내 몸이고, 약은 약간의 보조 역할을 할 뿐이다. 약은 누가 뭐래도 무서운 독이다. 그런데 "침 먹은 지네"라는 속담에서도 알 수 있듯이 지네에게 침을 뱉으면 사람 침의 독성 때문에 지네가 기운을 못 쓰고 비틀거린다. 우리가 보통 '침을 뱉을 때' 그 대상은 아주 형편 없는 사람이거나 더럽고 불길한 어떤 것이다. 대변을 보고 나오며 마른침을 세 번 뱉는다든지, 까마귀가 꽉꽉 울면 '퉤 퉤 퉤' 허공에다 대고 세 번 침을 뱉는다든지 하는 걸 보면 침은 악귀를 쫓는 힘까지 갖고 있는 모양이다.

가래침의 가래는 허파와 숨관에서 분비된 점액이 세균과 먼지를 모아 숨관 벽의 섬모운동으로 후두 쪽으로 옮겨져 모인 것으로 세균은 가래 속의 효소에 의해 죽어 독성이 없는 상태라고 한다.

큰창자 내벽의 이상으로 수분 흡수가 안 돼 나타나는 증상인 설사도 하나의 필요악적 현상으로, 창자 속에 발생한 해로운 세균과 독성이 묻어 있는 분비물을 씻어 내려는 자구책이다. 설사만 나면 당장 항생제에 지사제를 먹는데, 그것은 독성이 있는 놈들을 창자 속에 그대로 가두어 두는 꼴이다. 그 결과 독이 혈관으로 스며들어 오히려 다른 기관까지 해를 입게 된다. 물론 심하면 약을 먹어야겠지만 그렇지 않으면 그대로 두고, 귀찮아도 몇 번 화장실에 다녀오면 설사는 저절로 낫게 되어 있다. 반식자우환(半識者憂患)이라고는 하나 모르는 것도 큰 병이다. "시거든 떫지나 말고 얽거든 검지나 말라"는 속담은 못났으면 착하기나 하고, 재주가 없으면 소박해야 한다는 뜻이다. 설사가 나면 탈수증이 생길 위험이 있으니 약 대신 물이나 많이 마셔 두면 될 일이다.

사람이 간섭하면 자연의 평형이 파괴되듯이 사람의 몸도 간섭을 받으면 오히려 건강이 해를 입는다. 거듭 얘기하지만 약을 먹는 일은 건강의 평형(균형)을 깨는 일이다. 누군가는 한국을 '약의 천국'이라고 비아냥거렸다고 하는데 그런 손가락질을 받아도 싸다.

우리 몸의 최후의 보루는?

앞에서 우리 몸의 일차 방어선의 구조, 특성 등을 살펴보았는데 이제는 그 일차 방어막을 돌파한 균들을 우리 몸이 어떻게 처치하는가 보자.

균이 음식과 함께 입으로 들어왔다면 위가 이차 방어선이다. 이 위가 분비하는 염산(HCl)은 pH(수소이온 농도)가 1~2로 최고의 강산(强酸)이다. 따라서 보통의 세균은 당장 죽고 만다. 목에서 넘어온 신물이 코로 들어갔을 때 코가 따가울 정도였던 경험이 한두 번은 있을 것이다. 위가 튼튼할 때는 산의 영향을 받지 않지만 위염이나 위궤양일 때 위가 아프고 쓰린 것은 이 염산이 상처 난 조직을 자극하고 파괴하기 때문이다. 그러나 이렇게 든든한 보루인 위의 방어선도 거뜬히 통과하는 균들도 많다.

'방어'에 관한 이야기는 아니지만 재미있는 일이 목구멍에서 일어나고 있어 소개한다. 입을 크게 벌리고 목구멍을 들여다보면 목젖이라는 것이 달랑 목천장에 달려 있는 것을 볼 수 있다. 그리고 더 안쪽 아래에는 보이지는 않지만 '후두개'라는 연골 뚜껑(마개)이 숨관 위에 얹혀 있다. 우리는 침이나 음식을 삼킬 때는 숨을 쉴 수가 없고, 숨을 쉬면서는 침을 삼킬 수 없다는 것을 알고 있다. 코로 숨을 쉴 때는 목젖과 후두개가 모두 열려 공기가 숨관으로 드나들지만, 음식을 삼키면 목젖이 코(비강) 쪽을 막고 후두개는 숨관을 닫아 혀뿌리가 음식을 식도로 밀어 넣는다. 목젖은 음식을 코 쪽으로 들어가지 못하게 하고, 후두개는 숨관으로 음식이 못 들어가게 한다. 이렇게 각자 제 갈 길이 정해져 있다. 그런데 목젖과 후두개의 교통정리가 제대로 안 되어 코와 후두로 음식이 넘어가는 경우가 있다. 이때를 흔히 '사레 들렸다'고 하는데, 숨관의 반사작용으로 콧구멍에서 밥풀이 튀어나오기도 한다.

약간 주제에서 벗어난 얘기였다. 어쨌거나 위를 통과한 균은 작은창자(소장)로 넘어가는데, 소장액은 위액과는 반대로 알칼리성에 약한 세균을 죽인다. 이렇게 위와 장을 이차 방어선이라고 본다면 혈관과 조직에 있는 백혈구는 마지막 보루라고 볼 수 있다. 그런데 군대 중에도 육·해·공군이 있듯이 백혈구도 여러 종류의 지원부대가 있다.

백혈구는 피 속은 물론이고 조직 사이를 마음대로 기어다니면서 세균을 만나면 헛발로 싸서 제 몸 안으로 끌어넣고는 리소좀(lysosome)이라는 소화효소를 부어 녹여 버린다. 이 과정이 균을 잡아먹는 식균작용이다. 백혈구는 적혈구와 마찬가지로 뼈 속(골수)에서 만들어지지만 형태, 크기, 핵의 모양이 다른 여러 종류의 백혈구가 있다.

일단 몸에 염증이 생기면 백혈구들은 그곳으로 달려가서 세균과 전투를 시작한다. 염증이란 화농균이라는 세균이 혈액이나 조직액을 배지(양분)로 하여 분열을 계속하는 것을 말하는데, 이 균들은 조직을 구성하고 있는 세포를 파괴한다. 이런 전투가 벌어지면 백혈구들은 스스로 분열하고 활성화되기도 해서 크기도 커지는데, 대표적인 것이 공격력이 강한 거대세포인 매크로파지(macrophage)다. 간혹 골수에 이상이 생겨 백혈구를 못(적게) 만드는 일이 일어나거나 너무 많이 생기기도 하는데 이것도 병이 된다.

다음은 백혈구를 도와 주는 항체에 대해서 알아 보도록 하자. 이제는 흔히 쓰는 말이 되어 버린 '면역'에 관한 이야기다. 면역에 관계하는 중요한 기관이 림프샘(임파선)인데 목 밑이나 겨드랑이, 사타구니 등에 특히 많고 가슴과 배에도 있다. 이 림프샘은 세균을 거르고 항체를 만드는 곳이다. 또 종기를 짜고 나면 마지막에는 맑은 액이 나오고 화상을 입었을 때는 물집이 생기는데 이 액을 림프액이라 부른다. 이 림프액에는 림프샘에서 만들어진 백혈구의 일종인 림프구가 많이 들어 있다.

몸에 큰 종기(염증)가 생기면 근처에 작은 혹 같은 것이 생기는 것을 흔히 본다. 이것이 바로 림프샘으로 피 속의 세균을 고르고 모아서 잡아먹는 일을 한다. 결국 그곳에서 전쟁이 일어나는 셈이다. 이 전쟁에서 지면 림프샘까지 세균에게 정복당해 임파선염이 되기도 한다.

세균, 바이러스 등의 항원이 림프샘에 들어오면 림프구는 이 항원의 자극을 받아서 유사분열을 하는데, 가슴 부위에 있는 가슴샘(흉선)에서는 T-림프구(T-세포)를, 골수에서는 B-림프구(B-세포)를 만든다. 이렇게 만들어진 T-세포는 직접 항원(균)을 공격하여 죽이고, B-세포는 각각의 항원에 대해서 고유한 항체를 만든다. 만일 백 가지의 항원이 침입해 들어오면 그것들에 대응하는 백 가지의 각기 다른 항체가 만들어지는 것이다.

다시 말하면 장티푸스라는 항원에 대한 항체와 콜레라라는 항원에 대한 항체가 다르다는 뜻이다.

그런데 이렇게 생긴 항체는 기억력을 갖고 있어서 다음에 같은 종류의 항원이 몸에 들어오면 자기가 잡아야 하는 균을 족집게처럼 알아채고 공격한다. 사실 항체는 직접 균을 죽이지는 못하고 항원에 붙어서 항원의 세포막을 변형시켜(상처를 입혀) 백혈구가 잡아먹거나 파괴시키기 쉽도록 도와 주는 것이다. 이런 생리적 현상을 면역이라 하고, 그래서 항체를 면역체라고도 부른다.

독자들은 항암작용을 하는 인터페론(interferon)이라는 물질에 관해 알고 있을 것이다. 백혈구에서 만들어지는 인터페론은 안약까지 실용화됐을 정도로 널리 쓰이는데, 저분자 물질이라 세포 안까지 들어갈 수 있다. 어떤 세포에 바이러스가 침입하였을 때 그 세포 속으로는 항체도 백혈구도 들어갈 수가 없지만, 인터페론은 세포 속까지 쫓아 들어가서 바이러스의 증식을 억제한다는 것이다. 또 이 물질은 바이러스를 죽이는 특수한 세포인 살해세포(killer cell)의 증식을 촉진하는 역할도 한다. 암 중에서도 특히 바이러스가 원인인 암에는 이 물질이 효과가 있다.

그러면 후천성면역결핍증이라는 에이즈(AIDS)는 어떤 병일까? 답은 앞에 나와 있다. 에이즈는 일종의 성병으로 바이러스가 원인이다. 이 에이즈바이러스는 가슴샘에서 만들어진 T-세포를 공격해 죽이기 때문에 균에 대한 몸의 저항력을 떨어뜨린다. 최후의 보루인 백혈구의 일종인 T-세포가 공격을 받는다는 것은 생명에 치명적인 일로 최후의 방어선이 무너지는 결과를 낳는다.

에이즈 환자가 우리 나라에서도 점점 늘고 있다고 하니 마음이 찜찜하고 나라의 앞날이 걱정이다. 성병은 인류의 역사와 함께 진화(?)해 왔다. 현대의 의학과 약학은 암과 더불어 에이즈와도 싸움을 벌이고 있다. 필자는 언젠가는 에이즈도 반드시 퇴치될 것이라고 믿는다. 하지만 그러고 나면 또 다른 새로운 성병이 탄생할 것이다. 에이즈바이러스도 계속 돌연변이(진화)를 일으켜 새로운 것이 나오고 있으니 말이다.

감히 말하건대 성병은 인간사에 필요악이다. 아이러니컬하게도 이 무서운 성병은 항상 인류의 역사 속에 존재하면서 성의 문란을 억제하고 가정을 지켜 왔던 것이다.

지금까지 우리 몸이 어떻게 각종 균들로부터 보호되는가를 알아 보았다. 눈물은 슬픔 때문에, 콧물은 감기 때문에 생기는 것으로만 생각해 왔다면 앞으로는 사고의 전환과 함께 자기를 새롭게 관찰해 주기 바란다. 하나의 생명체는 그것이 제아무리 하찮아 보일지라도 신비롭고 오묘하고 절묘하기까지 하다.

똥 · 오줌은 왜 노랗나

우리가 마신 물은 몸의 구석구석을 돌면서 쓰레기를 모아 오줌으로 만들어져 나오고, 입으로 들어간 음식은 산산이 부서져서 에너지를 빼앗기고 똥이 되어 나온다. 물을 많이 마시면 오래 산다는 말의 과학적 근거는 물이 노폐물을 씻어 내기 때문이다. 오줌을 분석해 보면 어느 기관에서 그 물질을 버렸는지를 알 수 있고, 똥을 보면 어떤 기생충이 살고 있는지를 알 수 있다. 대소변이 술술 제대로 제 시간에 잘 나오면 그것이 바로 건강하다는 뜻이고, 그 내용물은 건강의 지표가 된다.

그런데 오줌 · 똥의 색은 왜 누르스름할까? '오줌이니까 노랗겠지', '노랗지 않으면 똥이 아닐 테고' 하는 생각으로 무심히 지내지 말고, 왜 어떤 때는 노랗고 또 어떤 때는 불그레하기까지 한지 관심을 가져 보자.

우리 몸의 골수에서 만들어진 적혈구는 세포들에게 산

소를 운반해 주는 일을 넉 달쯤 하고 나면 죽어 파괴되고, 파괴된 만큼 새로 만들어진다. 이때 실제로 산소를 꽉 붙잡아매고 가는 것은 적혈구 속에 들어 있는 헤모글로빈(Hb)으로 철(Fe)이 중요한 구성성분이다. 그래서 철이 부족하면 적혈구 생성이 어려워 빈혈이 된다.

그런데 적혈구가 파괴된다는 것은 곧 헤모글로빈이 파괴된다는 뜻이다. 헤모글로빈은 주로 간과 지라(비장)에서 파괴되는데, 이때 빌리루빈(bilirubin)이라는 쓸개즙(담즙) 색소가 생기고 그것은 쓸개주머니(담낭)에 모이게 된다(사람 값보다 비싼 웅담이 바로 곰의 쓸개주머니다). 쓸개즙은 지방을 유화시켜 간접적으로 지방의 소화를 도와 주고, 물에 희석되면 노란색을 띤다. 이 쓸개즙이 쓸개관을 타고 조금씩 십이지장으로 흘러들어가 음식물과 섞이고, 그것이 똥의 색을 누르스름하게 한다. 그리고 피에 섞여 돌던 빌리루빈은 콩팥(신장)에서 걸러져서 방광에 모여 오줌으로 나간다. 오줌·똥이 누르스름한 것은 헤모글로빈이 파괴될 때 생긴 이 빌리루빈이라는 색소 때문이다.

그런데 비타민제를 먹거나 운동을 하고 나면 오줌의 색이 진한 노란색을 띠는 것을 볼 수 있다. 전자는 비타민 중 B_2의 색이 매우 노랗기 때문이고(황색 채소에 들어 있는 리보플라빈이 비타민B_2이다), 후자는 몸 속의 수분이 땀으로 나가기 때문에 오줌의 농도가 짙어져서 붉은 황색까지 띠는 것이니 걱정할 일이 아니다. 또 간이 나쁘면 살갗이 누르스름해지고 특히 눈의 흰자위가 노랗게 되는 황달 증세가 나타나는데, 그것 역시 빌리루빈의 색 때문이다. 간이나 쓸개에 탈이 나서 빌리루빈이 몸 밖으로 배출되지 못하고 남아 있어서 나타나는 현상이다.

여기서 잠깐 우리 몸에서 무엇보다 중요한 역할을 하는 간에 대해서 알아 보자. 간은 1.5킬로그램 정도의 무게로 오른쪽 갈비뼈 밑에 들어 있으며, 위나 작은창자에서 흡수된 물질의 거의 대부분이 일단 이 간을 지나가기 때문에 몸의 관문 역할을 한다. 간이 하는 일은 40~50가지나 된다고 하는데, 글리코겐 저장, 혈장 단백질 합성, 독성이 있는 암모니아를 요소(尿素)로 합성해 무독화시키기, 적혈구 파괴, 지방대사, 아미노산대사, 헤파린 생성, β-카로틴을 비타민A로 전환, 혈액응고 물질인 트롬보겐 합성, 체온 조절(추우면 간이 떤다), 과잉 호르몬 파괴, 알코올 · 니코틴 · 농약 등 독성 분해, 과당 · 갈락토오스의 포도당화 등 너무도 하는 일이 많다. 그러나 구체적으로 어떤 일을 어떻게 하는지는 아직 거의 모르고 있다는 것이 옳은 표현일 것이다.

이렇게 많은 간의 기능 중에 서너 가지만 설명해 보자. '과잉 호르몬 파괴'라는 기능이 있는데, 만일 호르몬이 필요량보다 많이 분비되어 남는 상태가 되면 간에서 파괴(분해)된다. 예를 들면 남자들의 몸에서는 남성호르몬뿐만 아니라 여성호르몬도 생성되는데, 남성의 몸은 에스트로겐(estrogen) 같은 여성호르몬은 계속 파괴하고, 여성의 몸 역시 남성호르몬을 끊임없이 파괴하고 있다. 아내를 잃은 남자의 몸에서 갑자기 여성호르몬이 증가하고, 남편을 잃은 여자의 몸에서 남성호르몬이 증가하는 것은 호르몬의 분비가 환경(심리)의 영향을 받는다는 증거다. 남편을 잃은 여자의, 내일부터는 가장이었던 남편처럼 생각하고 활동해야겠다는 각오가 이런 변화를 가져온 것이다. 또 옛날 궁중의 내시들은 남자이면서도 고환이 없기 때문에 남성호르몬이 생성되지 못했고 그래서 음성도 여자처럼 변한 것이다.

닭을 대상으로 한 실험도 성호르몬이 이차 성징을 결정하는 데 얼마나 중요한가를 보여 주고 있다. 어린 암놈 병아리에게 남성호르몬을 계속 주사하면 자라면서 수놈처럼 볏이 커지고 싸움 발톱까지 생겨 거의 수탉과 비슷해지고, 그 반대의 실험에서는 속은 수놈이고 겉은 암탉인 놈이 생겼다. 사람들 중에도 가끔 이런 복잡한 상태의 여자남자, 남자여자가 있다.

하나 더 예를 들어 설명해 보자. 몸에서(세포에서) 아미노산이 분해되면 독성이 있는 암모니아가 생기는데 이것을 덜 독한 요소(尿素)로 만드는 일이 간에서 일어난다(오줌에서 나는 지린내는 바로 이 요소의 냄새이다). 즉 간세포에서는 암모니아와 이산화탄소를 결합시켜 요소로 만드는 오르니틴회로(ornithine cycle, 요소회로)가 일어나고, 여기서 만들어진 요소는 피를 타고 콩팥으로 가서 걸러져 밖으로 나가게 된다. 그런데 만일 콩팥에 병이 있으면 요소가 몸에 쌓여 독성을 발휘하는 것이다. 간에 탈이 나 빌리루빈이 배출되지 못해 생긴 황달도 그렇지만 몸에서 생성된 노폐물이 제대로 배설되지 못하는 것도 중병이다. 달걀 하나를 먹었을 때 이것이 소화 · 흡수되어 세포에서 분해되어 ATP를 만들고, 찌꺼기는 간에서 요소가 되어 콩팥을 거쳐 배설되고 하는 이 과정만 간단히 설명하는 데도 24시간은 더 걸릴 정도로 많이 밝혀져 있으나 그나마도 빙산의 일각에 지나지 않는다.

마지막으로 간이 하는 일 하나만 더 보자. 헤파린(heparin) 역시 간에서 만들어지는데 이것은 우리 몸을 돌고 있는 피가 혈관 내에서 응고되지 않도록 하는 일을 한다. 상처를 입었을 때 몸 밖으로 나온 피는 공기와 만나면 빨리 응고되어야 하지만 혈관 속에서 응고되면 큰일이다. 만일 심호흡을 했을 때 허파(폐)의 허파꽈리(폐포)에서 피가 응고된다면 어떻게 되겠는가. 이 정도의 적은 양의 공기와 피가 만났을 때는 헤파린이 응고를 막아 준다. 사람의 피 속에도 산소와 이산화탄소를 포함한 공기가 들어 있으나 그 공기로 인해 피가 응고되는 것을 이 헤파린이 막아 주는 것이다.

우리 몸의 생리적, 화학적, 생태적인 기능은 그 일부가 밝혀졌을 뿐인데도 너무도 복잡하고 신비롭다. 먹고, 마시고, 숨쉬며, 또 땀 내고, 오줌똥 누고 살아가는 것만도 신비의 극치이다. 만사를 당당하게 포용하는 저녁 노을의 아름다움으로 살아가자. 늙음이 섧다고는 하지만 너무 오래 살면 그 역시 욕된 일이라고 한다[壽則多辱].

지렁이의 앞뒤를 구별해 보자

"거생이도 밟으면 꿈틀한다"는 말이 있다. 지렁이를 사투리로 거생이, 거시, 것깽이라고도 하고 한자로는 구인(蚯蚓), 영어로는 어스웜(earthworm)이라고 한다. 학명은 룸브리쿠스 테레스트리스(*Lumbricus terrestris*)로 '땅에 사는 둥글고 긴 벌레'라는 뜻이다.

우선 그림을 보고 지렁이의 생김새부터 살펴보도록 하자.

사실 지렁이의 앞뒤를 구별할 수 있는 사람은 드물다. 지렁이는 몸이 여러 개의 고리 모양의 마디(체절體節)로

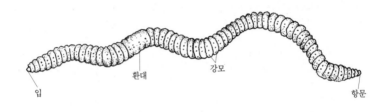

입　　　　환대　　　　강모　　　　　　　항문

되어 있어 환형동물(環形動物)이라고 부른다. 그림을 보면 환대라는 띠가 있는데 환대에서 가까운 쪽의 끝 부분에 입이 있고 그 반대쪽에 항문이 있다. 이 환대는 생식에 관계하는 기관으로 어릴 때는 없다가 성적으로 성숙하면 생긴다.

지렁이는 보통 성체가 되면 100~175개 정도의 마디를 갖고 몸길이는 12~30센티미터가 된다. 그런데 열대지방의 어떤 종은 마디가 250개가 넘고 몸길이도 엄청나 4미터까지 된다니 큰 뱀보다 더 크다. 그런데 이런 지렁이 같은 냉혈동물(변온동물)은 열대지방으로 갈수록 색이 고와지고 크기도 커지는 특징이 있다.

지렁이를 유리판에 얹어 놓고 앞뒤로 당겨 보자. 양쪽 모두 잘 당겨질 것이다. 그러나 신문지에 얹어 놓고 앞(입 쪽)에서 당기면 유리판에서처럼 잘 당겨지나, 뒤에서 당겨 보면 '스르르' 하는 소리가 나면서 잘 당겨지지 않는 것을 알 수 있다. 그것은 센털(강모剛毛)이 마디마다 나 있어서 몸이 뒤로 미끄러지지 않도록 해 주기 때문이다.

그리고 장마 때면 지렁이들이 밖으로 기어나오는 것을 흔히 볼 수 있는데, 이것은 제 굴 속에 물이 고여 숨이 차기 때문에 할 수 없이 기어나오는 것이다. 아무튼 화단에 지렁이 굴이 많으면 식물의 뿌리에 공기(산소)를 공급해 줘서 좋고, 가랑잎이나 여러 가지 찌꺼기를 먹고 소화시켜서 배설하기 때문에 땅이 비옥해져서 좋다. 지렁이가 많은 땅은 건 땅이다. 그래서 지렁이 똥을 모아 화분의 거름으로도 쓴다.

지렁이는 사람과도 깊은 연을 맺고 있다. 필자가 어릴 때, 삼순구식(三旬九食)이 예사였던 친구 한 사람도 기아에 시달리는 소말리아 아이들처럼 못 먹어 배가 항아리처럼 나왔다(이는 일종의 부종 현상으로 단백질이 부족해서 조직 속의 수분이 빠져나오지 못해 몸 속에 물이 고여 생긴 병이다).

나중에 들은 이야기지만 그 친구는 짜개바지 입던 그 어린 시절에 지렁이도 삶아 먹고 쥐도 구워 먹었다고 한다. 외국에서는 지렁이를 특수 가공 처리해서 미래의 가루식품으로 만들고 있다고 하는데, 그 사람들은 지렁이가 우리 나라에서는 진작부터 애용돼 왔다는 것을 알까? 근래는 좀 뜸하지만 한때는 '토룡탕'이 얼마나 각광을 받았는가. 토룡(土龍)이란 지렁이를 두고 하는 말이다.

한 농부가 도살장에서 나오는 기름덩어리 등의 찌꺼기를 모아 그것을 먹이로 지렁이를 대량 사육해서 수출한다는 기사를 읽은 적이 있다. 그렇다면 수출된 지렁이는 어디에 사용될까?

우리가 만드는 대부분의 신약은 동식물에서 뽑아 낸 것인데, 은행잎과 마늘에서 혈액순환을 촉진시키는 물질을 뽑아 내듯이 지렁이의 몸에서는 혈전을 예방하는 성분을 뽑아 낸다. 혈전(血栓)이란 혈관 속에서 피가 응고되어 혈관을 막아 버리는 병이다. 사람의 간에서는 이 혈전을 예방하는 헤파린이 계속 만들어지지만 나이가 들어 몸이 약해지면 그러한 기능이 부실해진다. 어느 제약회사에서 만드는 혈전 예방약의 광고를 보면 "구인(蚯蚓)에서 뽑은 룸브리키나제(Lumbrikinase)가 혈전을 용해시킨다"는 문구가 나온다. 수출된 지렁이들은 모두가 그런 약을 만드는 데 쓰인다.

나이가 좀 든 분들은 거머리에 물려 본 적이 있을 것이고, 거머리를 떼어 낸 자리에서 계속 피가 흐르는 것을 경험했을 것이다. 거머리와 지렁이는 같은 환형동물로 사촌쯤 되는 사이이다. 피가 응고되지 않고 출혈이 계속되는 것은 거머리의 침샘에서 분비되는, 혈액응고를 막는 물질 때문이다. 우리 몸의 헤파린과 유사한 물질인데 지렁이도 같은 성분을 가지고 있기 때문에 그것을 뽑아 혈액응고 방지제를 만드는 것이다.

마지막으로 지렁이의 수정 방법을 보면서 생각해 볼 것이 있다. 지렁이는 다른 하등동물(지렁이는 결코 스스로를 하등하다고 생각하지 않겠지만)과 마찬가지로 암수한몸(자웅동체)이다. 그래서 난소(알집)와 정소를 모두 한 몸에 가지고 있으나 제 몸의 정자와 난자가 수정하는 자가수정(自家受精)은 절대로 하지 않는다. 짝을 찾을 수 없는 극단적인 경우를 제외하고는 반드시 다른 개체와 짝짓기하여 서로 정자를 교환한다. 우생학(優生學)을 알고 있는 이 동물을 어떻게 하등동물이라 하겠는가. 다른 개체와 정자를 교환하여 근친혼(近親婚)을 피하는 지렁이는 근친의 유전자를 받으면 열성인자들이 모여 육체나 정신 모두가 건강하지 못한 자손이 나올 확률이 높아진다는 것을 알고 있었나 보다.

동물만 그런 것이 아니고 식물도 마찬가지다. 한 포기(몸)에 있는 꽃끼리의 꽃가루받이(수분受粉)는 잘 일어나지 않고, 다른 개체의 꽃과 가루받이가 훨씬 더 잘 된다. 이런 현상을 생물학에서는 '제 집끼리는 화합(가루받이)이 잘 일어나지 않는다'는 뜻으로 '자가불화합성(自家不和合性)' 또는 '자가불임성(自家不稔性)'이라고 한다.

꿈틀대는 미물 지렁이에게서도 배울 것이 있으니 심려(深慮)를 요하는 일이다. 입방아나 찧고 거만스럽게 게트림이나 하는 인간을 지렁이들은 어떻게 볼까.

달걀을 세워 보자(~은 세워진다)

이 글을 읽는 독자 여러분은 달걀을 세워 본 적이 있는가? 콜럼버스식으로 깨뜨려서가 아니고, 그대로 세울 수가 있을까? 고정관념에 사로잡힌 사람은 창조를 이룰 수 없으며, 고정관념을 버려야 창조와 변화가 있을 수 있다. '콜럼버스도 못 한 것을 내가 어떻게……' 라는 고정관념을 깨고 나도 할 수 있다는 도전적인 사고를 갖는 것이 과학하는 기본 태도다.

자, 그럼 우리 모두 콜럼버스에게 도전해 보자.

달걀의 둥근 부분을 아래로 가게 하고(그래야 무게 중심이 아래로 간다) 양손으로 가볍게 감싸고 세워 본다. 매끈한 책상 위에서도, 거울 위에서도 세울 수 있다. 집념과 끈기와 신념이 필요한 작업이다. 이쪽으로 저쪽으로, 앞으로 뒤로 자꾸만 넘어질 것이다. 그때마다 달걀이 닿는 손가락으로 달걀을 가볍게 밀어서 계속 가운데로 보내 보자. 어느 순간 손가락 끝에서 이상한 감각을(무감각) 느낄 때가 있을 것이다. 이때 살짝 두 손을 떼어라. 오뚝 선 달걀! 무한한 성취 감을 느낄 것이요, 누군가에게 보여 주고 싶은 충동도 느낄 것이고, 콜럼 버스를 비웃을 수 있는 자신감도 갖게 된다.

필자도 달걀을 세운다는 이야기를 듣고 비웃기까지 한 적이 있다. 1960 년대 초반 모교에서 조교를 할 때, 중앙일보사가 주최한 강원도 도계 환 선굴 탐험 때의 일이다. 나의 정신세계에 혁명(?)을 일으킨 사건이 150미 터 동굴 안에서 일어났다. 150미터 안이면 빛 한 점 없는 곳이지만 이곳에 도 폭포가 있고 장님새우, 흰동굴우렁이, 박쥐 등 많은 생물이 살고 있었 다. 폭포 아래 움푹 들어간 곳에서 점심을 준비할 때였다. 점심이라야 빵 에 달걀을 발라 구워 먹는 정도였지만(그때는 라면이 대중화되지 못했을 때 다) 캄캄한 동굴 속에서 토스트에 커피 한 잔은 별천지의 진미였다. 그때 한쪽 구석에 앉았던 산악인 한 사람이 "으악!" 하더니 헬멧 위에 알을 하 나 올려 놓고 의기양양해 하는 게 아닌가. 그때까지만 해도 그 사람이 달 걀에 무엇을 발랐거나 헬멧에 홈이 파였겠지 생각했다. 그런데 그게 아니 었다. 다시 우리가 보는 앞에서 달걀을 세워 보이는 게 아닌가! 탄성이 메 아리가 되어 굴 밖까지 퍼져 나간 것은 당연했다. 그것도 물개구리 안주 에 옥수수 막걸리를 약속받고서야 시범을 보여 주었다. 나중에 학교로 돌 아와 본전을 몇 배로 뽑은 것은 물론이고.

이제 달걀 자체에 관한 얘기를 좀 하자. 특이하게도 달걀은 전체가 한 개의 세포로 이루어져 있다. 토종닭의 알은 무게가 30그램 정도지만 큰 것은 50그램이나 된다. 그 달걀이 분화, 발생하여 병아리가 되니 오묘한 탄생이요, 창조이다.

달걀의 껍데기에는 7000여 개의 작은 홈이 있어 표면적을 넓게 해 주므로 가스교환이 원활하게 일어나고 있다. 또 달걀은 살아 있는 세포이기 때문에 껍데기를 통해 산소가 들어가고 이산화탄소가 나온다. 그 작은 홈에는 눈에는 잘 보이지 않지만 닭의 똥가루, 곰팡이의 포자, 세균 등이 그득 끼어 있다. 그래서 달걀의 끝을 이빨에다 탁 쳐서 깨뜨려 빨아 마시는 행위는 매우 비위생적이다. 입 안으로 쏟아져 들어가는 똥가루, 곰팡이, 세균을 상상해 보자! 게다가 날달걀에 들어 있는 아비딘(avidin)이라는 단백질은 큰창자에서 비타민B와 결합해 비타민B의 흡수를 막는다.

그런데 달걀을 삶을 때 소금을 조금 넣는 이유는 무엇일까? '잘 벗겨지라고' 는 우리 학생들이 입을 모아 내놓은 답인데 안타깝게도 정답이 아니다. 껍데기에 상처가 난 달걀을 삶으면 흰자위가 꾸역꾸역 밀려 나오는데 소금은 이 흰자위를 빨리 응고시켜 더 이상 새는 것을 막는다. 그리고 달걀을 삶은 다음에 바로 찬물에 넣는데 그것도 잘 벗겨지라고 하는 것이 아니다. 삶은 달걀의 노른자위를 보면, 표면의 색이 검푸른 경우가 있는가 하면 노른자위 색 그대로 노란 것도 있다. 삶은 달걀을 그대로 두면 식으면서 화학반응이 일어나 황화철이 생기고 그래서 검푸른 색을 띠지만, 찬물에 넣으면 화학반응이 일어날 시간적 여유가 없어지기 때문에 그대로 노랗다. 우리가 알아야 할 상식이 달걀 하나에서도 쏟아져 나온다.

달걀을 뱅그르르 돌려 놓고 손끝으로 살짝 눌렀다 떼면 그대로 서는 놈이 있는가 하면 어떤 것은 계속 돈다. 어느 쪽이 삶은 것일까? 삶으면 유동성인 내용물이 고체 상태가 되어 손가락으로 누르면 그대로 멈추지만, 날것은 내용물이 관성이 있어 계속 돌게 된다. 이렇게 사소한 상식도 다 과학에 기반을 두고 있다.

시골에서 암탉을 잡아 보면 그날 낳을, 껍데기까지 다 생긴 알이 들어 있는가 하면, 크고 작은 노른자위들이 포도송이처럼 달려 있는 것을 볼 수 있다(그 모습을 볼 수 없는 요즘 도시 아이들이 불쌍하다). 작은 노른자위는 매일 조금씩 커지는데 그 중 하나가 우리가 먹는 크기만큼 커지면 그 둘레를 흰자위가 달라붙어 감싼다. 이것이 자궁 근방에 도달하면 그 둘레를 다시 껍데기가 둘러싼다. 그래서 그날 낳을 알을 만져 보면 껍데기가 완전히 굳어지지 않아 몰랑몰랑하다.

그러면 삶은 달걀의 노른자위를 예리한 면도칼로 잘라 보자. 잘 들여다 보면 여러 개의 고리 모양이 보일 것이다. 마치 나무의 나이테 같지만 나이테라기보다는 '하루테'라고 할 수 있다. 만일 닭에게 하루는 당근을 많이 먹이고 다음 날은 옥수수를, 그 다음 날은 시금치를 먹였다면 하루테는 붉은색, 노란색, 초록색 등으로 색의 차이가 나타날 것이다. 먹이의 종류를 더 다양하게 하면 여러 가지 색고리를 가진 노른자위를 만들 수도 있다. 요즘은 이런 원리를 응용한 달걀이 많이 나오고 있으며 비타민E가 많이 든 달걀, 비타민B가 많이 든 달걀 등으로 선전하면서 비싼 값에 팔고 있다.

사람은 스스로 영리하다고 말하겠지만 닭의 입장에서는 악랄한 것이 사람이다. 사실 닭은 알을 낳고 그것을 품어 새끼를 까는 것이 목적인데 말이다. 시골에서는 흔히 경험하는 일이지만 저녁이 되어도 돌아오지 않는 놈이 있어 찾아 보면 짚을 쌓아 둔 구석에 숨어서 몰래 감춰 둔 알을 품고 있는 경우가 종종 있다. 보통 한 배에 15~20개 정도를 품고, 품기 시작해서 21일이 지나면 부화된 어린 병아리들이 어미의 날개 밑에서 삐악삐악 소리를 낸다. 어미는 이때부터 매우 사나워진다.

그런데 이렇게 어미 품에서 태어나고 자란 닭이라야 커서 알을 품을 줄 안다고 한다. 부화기에서 태어나 사람 손에서 큰 닭은 알을 품을 줄 모르며 품더라도 새끼 치성이 매우 부실하다는 것이다. 사람도 마찬가지다. 사랑을 받아 본 사람이라야 사랑을 줄 줄 안다고 한다. 어미 따라 이리 몰리고 저리 몰리고, 어미 흉내를 내면서 모이를 주워 먹고, 물도 고개를 들어 삼키다가 넓게 편 어미의 날갯죽지 밑으로 오르르 모여든다. 어떤 놈은 날갯죽지 사이로 목을 빼고 어미 눈치를 본다. 그 모습을 보고 있노라면 모성의 실체를 어미 닭에게서 느낄 수 있다. 병아리만큼도 사랑을 못받아 본 사람 병아리들이 불쌍하기만 하다. 자식들에게 사랑을 듬뿍 주자.

수탉은 자기 영역을 지키기 위해서 새벽에도 시간 맞춰 꼬끼오 하고 운다. 내 여기 있으니 다른 놈들은 얼씬도 하지 말라는 경고의 울음이다. 필자가 어릴 때 경험한 일인데 집에 백년 손님들이 오시는 날이면 몇 마리의 닭이 희생당하는 것은 예사였다. 그런데 희한하게도 수탉을 잡아 버린 다음 날이면 꼭두새벽부터 뒷집 수탉이 우리 집에 나타나 우리 암탉들을 차지하곤 했다. 텃세를 알리는 울음이 없어졌기 때문이다.

콩에서 콩나물, 두부, 두유, 된장, 간장이 만들어지듯 달걀에서는 맛깔진 삶은 달걀, 달걀부침, 달걀채, 오믈렛이 나온다. 같은 사람도 어떻게 가르치고 키우는가에 따라 선인, 악인이 나오고.

"닭이 먼저냐, 달걀이 먼저냐?"의 문제는 언제나 풀리려나. 어쨌거나 여러분은 달걀을 세웠으니……

거문도좀혹달팽이! 노부에아!
아들딸 구별 말고 5~7!!
냄새
거품에서 생명이 창조되다?
세상은 이렇게 살도록 되어 있다
내 몸에서 가장 귀하게 여기는 부분은?
다윈의 자연도태설(자연선택설)
흙은 흙이 아니라 생명인 것이다
100조 개의 세포가 모여 한 사람이 된다
달팽이는 집투기를 않는다
술 좋아하는 모기

2

거문도좀혹달팽이! 노부에아!

다음은 부산공업대학에서 서양화를 전공하는 친구 노상철 교수가 나의 두 번째 도감을 받아 보고 쓴 글이다. 그는 『국제신문』의 '뜨락' 난에 「달팽이의 아픔」이라는 제목으로 실린 이 글을 복사해서 "보내 준 좋은 책에 답함"이라고 옆에 친필로 적어 보내 왔다.

며칠 전에 나는 춘천의 어느 대학에서 강의와 연구에 전념하고 있는 친구로부터 저자근정(著者謹呈)의 글귀와 함께 귀한 책 한 권을 소포로 받았다. 『원색한국패류도감(原色韓國貝類圖鑑)』이라는 보기 드문 도톰한 책이었다. 그 친구는 생물학 중에서도 기초 중의 기초라 할 수 있는 분류학을 전공한다. 주로 달팽이를 연구하는데 "나는 죽어도 달팽이는 남는다"고 자랑하는 것을 보면 신종도 몇 마리 발견한 모양이다. 이 분야를 연구하는 사람들에게는 신종을 발견하는 일이야말로 평생의 소원이라고 한다 하니 그는 이제 어느 정도 학문적 성과를 이룬 셈이다. 어떤 분야이든 새로운 것을 발견하는 것만큼 어려운 일은 없을 것이다. 새로운 것을 알아 내기 위해서는 우선 알려진 것부터 샅샅이 살펴보아야 한다. 그래서 그는 지금까지 거의 30여 년을 달팽이 꽁무니만 쫓아다녀야 했다.

나는 그의 책을 통하여 한갓 미물에 지나지 않는 달팽이가 그렇게 가짓수가 많고 당당하게 저마다 이름을 가지고 있으며, 우리들에게 남모를 도움을 주고 있음을 놀라움과 함께 처음으로 알게 되었다. 사람은 누구나 평생을 함께하는 제 일을 가지고 있으며, 그 일을 통하여 친구를 만날 수 있고, 또 그 일을 통하여 자기를 완성해 가고 자기 존재까지도 깨닫게 된다는 것을 그의 책이 말해 주고 있다. 그에게는 달팽이가 우주의 신비를 내다볼 수 있게 하는 작은 통로인지도 모른다. 달팽이에게도 어김없이 분단의 아픔이 있는 모양이니 그는 책의 서문 말미에 북한의 고유종을 싣지 못한 것이 못내 아쉽다고 했다. 곧 북한의 고유종이 실린 증보판이 나오기를 기대한다.

사실 이 친구의 말처럼 30년이 넘게 외도하지 않고 외곬으로 달팽이 꽁무니만 쫓아다녔다. 달팽이라 하면 땅에 사는 패류(貝類)를 통칭하는 말이며, 지역에 따라서는 강에 사는 다슬기를 달팽이라고 부르기도 한다.

필자는 산이나 밭에 사는 육산패(陸産貝), 강이나 호수에서 채집되는 담수패(淡水貝), 바다에 사는 해산패(海産貝) 모두를 대상으로 채집하고 분류, 동정(同定)하는 패류학자다. 필자의 『원색한국패류도감』에는 육산패 95종, 담수패 50종, 해산패 505종 등 총 650종의 패류가 원색 사진과 함께 수록되어 있으며, 그 중에는 신종 11종과 우리 나라에서는 처음 채집되어 우리말 이름을 붙인 한국 미기록종 165종이 들어 있다. 신종(新種)이란 세계 최초로 발견된 종을 일컫는 말이고, 미기록종(未記錄種)이란 다른 나라에는 있지만 우리 나라에서는 처음 채집되어 아직 기록이 안 된 종을 말한다.

도감에 관한 얘기는 다음 기회에 하기로 하고, 여기서는 30년 동안 달 팽이 꽁무니를 쫓아다니면서 일어났던, '채집기(採集記)'라고 이름붙여도 좋을 듯한 일화 하나를 소개한다.

20여 년 전이라 지금에 비하면 교통, 숙박시설 등이 너무나 미비했을 때였음은 말할 필요도 없다. 밤새도록 달려온 야간열차가 여수역에 나를 토해 놓았을 때는 이미 기진맥진한 상태였지만, 거문도행 배를 타야 했기 에 간에 저장된 양분을 사용하는 수밖에 없었다. 채집을 다니면서 굶는 것에는 이미 이골이 나 있었다. 흔들리는 배 위에서도 일본인인 미야나가 [宮永宗男](1943)가 처음 채집하여 발표한 거문도 특산종(세계에서 유일하 게 거문도에서만 사는 종) 거문도좀혹달팽이[Nobuea elegantistriata]에 관한 문헌을 뒤적이며 학명인 노부에아(Nobuea)에 담긴 애절한 사연에 새삼스 럽게 처와 세 아이들을 그리워하기도 했다. 노부에아는 미야나가가 일찍 이 사별한 자기 부인의 이름을 따서 지은 것이라고 한다(학명은 신속이나 신종을 발표하면서 부모, 부인, 은사, 채집한 사람, 채집지, 제자 등의 이름을 붙여서 기리는 경우가 많다).

거문도 부두에 내려 보니 여관이라고는 달랑 한 집밖에 없었고 그날따 라 찾아 든 길손도 나 혼자뿐이었다. 거문도는 세 개의 큰 섬(동도, 서도, 고도)으로 이루어져 있어 태풍 때면 배들이 바람을 피하기에 안성맞춤인 섬이다.

도착한 다음 날 동도를 하루 종일 헤맸으나 거문도좀혹달팽이는 구경 도 못 하고 엉뚱하게 영국인 무덤만 찾은 꼴이 되었다(이 섬에는 태풍에 숨진 영국 해군의 무덤이 있다). 기록에는 있는데도 채집을 못 할 때는 무력감은 물론이고 패배감까지 느끼게 된다. 아무튼 그때의 기분과는 달리 저녁에 흐릿한 전등 밑에서 하루 종일 잡은 표본을 정리하다 보니 역시 거문도 특산종인 거문도깨알달팽이[*Diplommnatina kyobuntoensis*]를 채집하는 수확이 있었다('*kyobuntoensis*'의 '*kyobunto*'는 일본어로 거문도를 의미한다).

다음 날은 통통배를 타고 서도로 건너갔다(지금은 동도와 서도 사이에 긴 다리가 놓여 있다). 마을을 돌아 약간 비스듬한 언덕길을 올라 나무 몇 그루가 있는 밭가에서 배낭을 풀고 채집을 시작했다. 겨울이라지만 거문도는 초봄같이 따뜻해서 양지바른 밭둑에는 벌써 봄나물이 고개를 내밀고 있었다. 그래도 바람은 차서 파카 깃을 치켜올리고 모자를 눌러 쓰고 가랑잎과 돌멩이를 하나하나 뒤집으며 깨알같이 작은 달팽이를 찾았다.

노부에아가 눈에 띄지 않아 실망 반 기대 반으로 눈에 쌍심지를 켜고 뒤지고 있는데, 육감적으로 뭔가가 내 뒤를 스쳐 지나가는 것 같아 재빨리 뒤돌아보았다. 하지만 아무것도 보이지 않았다. 혼자 채집에 나서면 왠지 무섬증을 느낄 때가 많아 한라산 계곡에서는 몽둥이를 옆에 놓고 채집한 적도 있고, 눈 오는 날 흑산도에서는 후두둑 떼지어 날아가는 흑비둘기 때문에 기절 직전까지 간 적도 있다. 이럴 때는 머리끝이 꼿꼿이 서는 기분이 들곤 한다. 기분이 좀 이상했으나 큰기침을 한 번 "컹" 하고 돌 뒤집기를 계속하고 있는데 이게 웬일인가! 섬뜩한 느낌이 들어 다시 뒤를 돌아보는 순간이었다.

"손들어!"

채집 도구를 땅바닥에 힘없이 떨어뜨리고 두 손을 들었다. 손을 들고 둘러보니 사람들이 몇 겹으로 나를 둘러싸고 있고, 웬 험상궂은 사람이

나의 심장을 향해 총부리를 겨누고 있는 게 아닌가.

"아저씨들 와이라요?"

"당신 뭐요? 당신 간첩이지?"

막무가내로 나를 몰아세웠다.

"나는 서울사대부속고등학교 생물선생이오. 달팽이 채집을 하고 있소."

신분을 밝히면서 나는 교사증과 주민등록증까지 모든 밑천을 다 내보였다. 나도 총 끝이 무서웠던지 그냥 "고등학교 선생이오" 해도 될 것을 어느 학교 무슨 선생이오까지 소상히 보고(?)하고 있었다.

그러나 신분증만으로 믿어 줄 이들이 아님을 의심에 찬 그들의 눈에서 확인할 수 있었다. 그래서 무슨 여관에 숙소를 정했으니 그곳에 연락해 보라고 했다. 섬 같은 곳에서는 외지인이 오면 여관 주인은 여러 가지 방법으로 신분을 알아 내고, 파출소에서는 주민등록번호로 조회를 한다는 것을 알고 있었기 때문이다. 서로 경계심이 조금 누그러진 사이에 한 사람이 뛰어내려가 전화로 나의 신분을 확인하고 왔다. 오케이다. 마을 사람들은 흩어지면서도 "선상님, 그 달팽이 어디 쓴당가요?" 하는 질문을 잊지 않았다. 어디서나 받는 질문이다. 나도 능청맞게 잡은 달팽이를 보여 주며 "이 달팽이는 남자들에게는 정력에 좋고 여자한테는 미용이나 허리 아픈 데 좋다"고 약을 판다. 나중에 안 일이지만 필자가 채집한 바로 그 섬에서 고정간첩사건이 일어났다고 한다.

채집도 못 하고 애꿎은 봉변만 당해 몹시 허탈한 기분으로 돌아왔다. 채집을 포기하고 내일은 떠나리라 마음먹고, 섬 구경이나 할 겸 뒷산 밭가를 어슬렁어슬렁 거닐기도 했다. 또 바닷가로 내려가 손에 닿는 대로 해산패 몇 종을 채집하면서도 노부에아에 대한 아쉬움을 곱씹으며 깊은 상념에 잠겼다. 그런데 지나가는 사람들의 이야기에 당장 벼락이라도 맞은 기분이 되고 말았다. 태풍 때문에 다음 날은 배가 못 뜬다는 것이다. 도로아미타불! 물론 이런 때를 대비해서 계산된 여비 외에도 손가락에 금반지 하나는 끼고 왔지만.

아침 일찍 뒷산 밭가로 나가 거세진 파도를 바라보다가, 노는 입에 염불한다고 장난삼아 큰 돌 하나를 들춰 내서 들여다보던 나는 까무러치게 놀랐다.

"와, 너 여기 있었구나. 노부에아!"

나는 그 옆에 한껏 퍼질러 앉아 눈을 지그시 감고 담배 한 대를 피워 물고 깊게 빨아당겼다.

거문도좀혹달팽이! 노부에아!

태풍이 날 살렸다.

아들딸 구별 말고 5~7!!

"아들딸 구별 말고 둘만 낳아 잘 키우자." "잘 키운 딸 하나 열 아들 안 부럽다." 예전에는 이런 문구가 박힌 대형 그림판이 곳곳에 세워져 있었는데 언제 사라졌는지 이제는 눈을 씻고 봐도 보이지 않는다. 잘한 일이다. 이런 표어가 한창 범람했을 때는 고등학생들 사이에서 "자식새끼 소용없다, 우리끼리 잘 살자"라는 말이 유행했다고 한다. "적게 낳으려면 차라리 낳지를 말지"라고 비꼬는 속내가 그 속에 들어 있었던 것은 아닐까.

필자의 강의실 녹판(옛날에는 검은색이라 흑판이라 했으나 지금은 녹색이니 녹판이라고 부르는 게 옳겠다) 오른쪽 귀퉁이에는 5~7이라는 노란 글씨의 숫자가 씌어 있다. 전공 강의실은 물론이고 교양과목 강의실에도 꼭 써 놓고 "이걸 지우는 사람은 끝까지 추적(?)하여 F학점"이라고 강조한다. 학생들은 섣불리 다루면 끈 떨어진 연 꼴이 되기 십상이기 때문에 다잡을 때는 칼날같이 무섭게 후려치는 나의 면모를 이럴 때 보여 준다. 그리고 이 숫자의 의미를 물어 본다. 학생들은 아닌 밤중에 홍두깨라 두꺼비 눈만 끔뻑끔뻑, 꿀 먹은 벙어리들이다.

"이 사람들아, 대답해 보게나. 정답을 맞히면 무조건 A⁺야."

학생들의 정신을 집중시키거나 협박(?)할 때 쓰는 방법이다.

"그럼 할 수 없구만, 내가 자문자답하는 길밖에. 5~7이란 다음에 자네들이 결혼하면 자식을 다섯에서 일곱씩은 낳으라는 뜻일세. 알겠는가?"

남학생들은 아연실색하여 입만 쩍 벌리고 나를 뚫어져라 쳐다보고, 여학생들은 하나같이 "아~(!?)" 하고 비명 같은 소리를 내뱉는다. 나는 오랜 경험으로(항상 그랬으니까) 그럴 줄 알고, "자네들 왜 이래?" 하면서 '인구론'을 첫 시간부터 쏟아붓는다.

사실 우리 나라의 인구가 다른 나라와 비교해서 적은 것은 아니다. 통일이 되면 7천만이니 영국이나 프랑스보다는 많고 독일보다는 조금 적다. 하지만 중국, 미국, 인도, 러시아, 일본 등 우리보다 인구 재산이 많은 나라도 많고, 특히 인구 12억의 중국과 1억 3천만이 넘는 일본 틈에 끼어 있는 우리는 그들에 비하여 인구가 너무 적다는 점을 잊지 말아야 한다. 또한 이제는 우리도 인구의 양(量)은 어느 정도 갖추었으니 앞으로는 인구의 질(質)에 관심을 가져야 한다.

다시 강의실로 돌아가 학생들의 반응을 잠시 보자. 여학생들은 짐짓 나를 무식한(짐승같이 봤는지도 모르겠다) 교수로, 아니면 넋두리꾼으로 여기는 듯했지만 남학생들은 충격(?)에서 천천히 벗어나면서 마냥 흐뭇해하는 표정으로 점점 바뀌어 가는 것을 읽을 수 있다.

자식을 많이 낳으라는 말을 오랜만에(태어나서 처음인 사람도 있을 테고) 듣고 모두가 일순간 놀랍고 어안이벙벙하기도 했겠지만 계속되는 나의 강의에 점차 세뇌되어 간다. 지금까지 성교육, 가족계획, 인구문제, 기아문제 등의 교육을 통해 인구는 적어야 좋고 자식은 하나나 둘만 낳아야 한다는 생각이 뇌리에 박인 학생들이 아닌가. 이런 뇌를 씻어 주는 것은 쉬운 일이 아니다. 나의 세뇌용 강의 내용은 이렇다.

첫째, 앞에서 잠깐 말했듯이 한 나라의 국력은 양질의 인구를 얼마나 갖고 있는가에 달렸다. 우리 나라 학생들은 누가 뭐라 해도 유전적으로 좋은 집단이며, 우생학적으로 보아도 양질의 씨(human seed)를 가진 집단에서 다시 좋은 씨를 받을 수 있기 때문에, 학생들은 자기를 희생해서라도 국가를 위해 다산(多産)해야 할 의무가 있다.

둘째, 나라 없는 국민은 없다. 국방, 경제라는 측면에서도 인구는 최소한 1억은 넘어야 한다(여기에서 학생들은 또 한 번 놀란다). 인구 2억 5천의 미국, 1억 3천만의 일본은 말할 것도 없고 12억이 넘는 중국을 경계해야 한다. 국토도 넓지만 이 세상 사람 다섯 중에 한 사람은 반드시 중국사람이란 말이 아닌가. 우리의 역사를 훑어 봐도 중국과 일본 사이에서 그들에게 얼마나 수모와 시달림을 당하며 살아 왔는가. 이제 다시는 그런 일이 없어야겠기에 양질의 많은 인구가 필요하다. 이제껏 우리 나라가 작다고 배우고 느껴 왔겠지만 한번 다녀 봐라. 필자는 채집하느라고 우리 나라를 샅샅이 다녀 봤는데 그렇게 큰 나라일 수가 없다. 서울에서 부산까지 새마을호로 네 시간이 더 걸린다. 통일이 되어 목포에서 청진까지 간다고 하면 열 시간도 더 걸릴 것이다. 아이들 키울 땅은 얼마든지 있으니 부디 많이들 낳기를. 다섯 남매가 사는 집에 도둑 드는 것을 본 적이 있는가. 부모의 신발을 포함해 일곱 켤레(조부모가 계시면 아홉 켤레가 된다)의 신발이 가지런히 놓여 있는 집에 감히 어떤 도둑이 발을 들여놓겠는가. 옛 소련이 그렇게 힘이 세도 중국을 넘보지 못한 것도 이 때문이다. 일본이 우리의 통일을 달갑지 않게 생각하고 있는 것도 우리는 알아야 한다. 7천만의 인구가 두려운 것이다. 그래서 인구는 국력이다.

셋째, 인구는 재산이다. 인구가 적으면 새로운 물건 하나를 만들어도 국내 소비로는 타산이 맞지 않아서 반드시 수출을 하지 않으면 안 된다. 인구가 많아 국내에서 소비되는 것만으로도 타산이 맞으면 안심하고 투자할 테니 경제가 발전할 수 있는 것이다. 출판의 예를 들어도 그렇다. 일본은 어떤 책을 내도 기본적으로 4~6천 부는 팔리니 안심하고 책을 만든다고 한다. 그러니 양질의 많은 인구가 다다익선이지 않겠는가.

넷째, 안된 얘기지만 외동아들, 외동딸들은 자기만 아는 고집통이 아닌가. 성격적인 결함은 물론이고 육체적인 건강에도 문제가 있다. 그래서 결혼생활도 원만하지 못한 경우가 많다. "셋째 딸은 물어 보지도 말고 데려가라"는 말도 있듯이 많은 형제자매 사이에서 자란 아이들은 성격이 무던하고 사회적응력도 강하다. 덧붙여 말하면 심리학에서도 바람직한 자식의 구성이 최하 다섯이라고 한다. "가지 많은 나무에 바람 잘 날 없다〔高樹多悲風〕"던가. 부모 입장에서는 자식이 적을수록 편하다. 그러나 아이들의 입장에서 보면 형제자매가 많을수록 좋다.

삶이 경쟁의 연속이라면 많은 형제자매 사이에서 선의의 경쟁을 배우며 어우러져 크는 것이 바람직한 일이다. 외동아들이나 외동딸은 집안에서 경쟁을 경험하지 못했기 때문에 학교나 사회에서 겪어야 하는 경쟁에서 낙오하는 경우가 많다. 앞의 '셋째 딸'이란 최소한 다섯 남매 중에서 셋째라는 뜻이 들어 있고, 위에서 눌리고 아래에서 치받치면서 자란 탓에 성격에 모가 없어 누구와도 잘 어울리고, 참을 줄도 알고 용서할 줄도 아는 너그럽고 넉넉한 품성을 갖게 마련이다. 일품 여성이다.

이런 강의를 하고 한 학기가 끝나면 시험 답안지 끝에 "교수님, 5~7은 너무 많고 셋은 꼭 낳겠습니다", "다섯은 안심하십시오" 같은 긍정적인 반응이 보인다. 야만적인 소리를 한다고 비명까지 질렀던 학생들로부터 이런 반응이 나오는 것을 보며 교육의 힘을 느낄 때가 많다. 물론 자식은 제 능력에 맞춰 낳는 것이라는 여유도 그들에게 가르쳐 준다.

나는 학생 모두에게 많이 낳으라고는 하지 않는다. 내 생각에 거부감이 드는 학생이나, 자기는 좋은 유전인자를 갖고 있지 않다고 생각되는 사람은 군말 말고 과감히 단종(斷種)하라고 한다. 낳고 싶어 낳아야 잘 키울 수 있기 때문이다.

그러면 왜 많이 배웠을수록, 잘 살수록 자식을 더 적게 낳으려고 할까? 사람뿐만 아니라 다른 동식물도 환경이 좋을수록 불임이 되거나 후손을 적게 낳는다. 닭이나 개도 먹이를 너무 많이 주면 살만 찌고 알이나 새끼를 낳지 않거나 적게 낳는다는 것을 우리는 너무나 잘 알고 있다. 식물도 질소비료를 많이 주면 줄기만 무성할 뿐 개화(開化)와 결실(結實)은 제대로 못 하는 법이다. 적당한 위기의식을 느낄 때 동식물은 번식에 에너지를 투자하는 것이다. 6·25 이후에는 집집마다 많은 아이를 낳았고, 경제적으로 어려운 가정일수록 자식을 더 많이 낳는 것을 봐도, 사람도 다른 동식물과 같은 성향이 있음을 알 수 있다. 우리도 이제는 먹고 살 만한 모양이다.

프랑스에서는 아이를 다섯만 낳으면 일을 안 해도 나라에서 먹을 것을 다 준다고 아무리 권해도 아이를 낳지 않는다고 한다. 오히려 혼자 사는 외톨이들만 계속 늘어 가고 있다고 한다. 일본도 강력한 인구 조절정책의 결과 생산활동인구(노동인력)가 감소되어 노인연금의 지급이 어려워지고 있다고 한다. 우리 나라도 그들의 전철을 밟게 될 것이 불을 보듯 뻔하다. 모든 부부가 아이를 하나씩만 낳는다면 결국 인구는 줄게 되고, 둘씩 낳는다면 인구 성장이 멈추게 되는 것이다. 지금 추세대로라면 우리도 머지 않아 인구가 감소할 것이다.

필자는 제자들 주례를 많이 서는데, 주례사 말미에 꼭 "이 두 사람이 주례를 부탁하러 왔을 때 자식을 셋 이상 낳기로 저와 약속하였습니다" 하고 언약한 사실을 공표하는 것을 원칙으로 삼고 있다. 주례사가 끝나기도 전에 하객들의 우레 같은 박수가 터지는 것을 보면, 아직도 부모들은 자식들이 손주를 많이 낳기를 바라고 있다는 것을 알 수 있다.

아무튼 아이를 적게 낳자는 쾌씸한 광고들이 없어진 것은 참 반가운 일이다.

냄새

우리 나라의 공항은 마늘냄새, LA공항은 노린내, 대만의 공항은 향료냄새가 난다. 다녀 보면 공항마다 냄새가 다른데 그것은 그 나라 사람들의 체취가 다르다는 뜻이며, 이는 곧 먹는 음식이 다르다(신토불이)는 것을 의미한다. 사람의 몸에서 나는 냄새는 쉽게 말하면 땀냄새인데 땀 속에는 요소, 지방, 아미노산, 유기산 등의 여러 가지 물질이 녹아 있다.

동물들도 특유의 몸냄새가 있다. 개, 소, 닭 등 그들의 분비물(오줌, 똥)에서 나는 냄새도 모두 다르다. 그리고 사람 사이에서도 이성간에 느끼는 냄새, 동성간에 느끼는 냄새가 다르고, 가끔은 제 몸에서 나는 냄새가 싫어지는 때도 있다.

그렇다면 사람을 포함해서 동물들의 냄새는 어떤 의미를 갖고 있을까? 먼저 사람의 예를 들어 설명해 볼까 한다. 사람이 동굴생활을 하던 선사시대로 거슬러올라가 보

자. 물론 불도 없었던 그 먼 옛날에 우리 조상들은 어떻게 해서 맹수들에게 잡아먹히지 않고 살아남았을까 하는 의문에 대한 가설은 많으나 가장 설득력이 있는 것은 가시막대와 체취 때문이라는 것이다. 아프리카에서 맹수들을 상대로 다양한 실험을 해 본 결과, 가시가 돋친 나뭇가지에는 접근하지 못한다는 결론을 얻었다. 밖에 나갈 때면 막대기를 들고 나갔을 것이고, 동굴에 들어갈 때는 입구에 가시 돋친 나뭇가지를 걸쳐 놓았을 것이다. 또 하나의 가설은 동굴 안의 사람냄새에 다른 맹수가 접근할 수 없었을 거라는 것이다. 필자도 여기에 동의하는 바이다. 모두 알겠지만 동물의 우리에서 나는 냄새는 우리에겐 매우 역하다. 사람냄새 역시 다른 동물에겐 그렇다.

오늘도 막내아이 방에 또다시 향수를 뿌렸다. 대학생인 막내는 목욕도 자주 하는 편인데도 소위 말하는 남자냄새가 심하다. 이상한 것은 아이의 엄마는 아무 냄새도 안 나는데 왜 그러느냐며 향수를 뿌려 대는 나를 탓한다. 아들과 아버지는 같은 성이라 서로의 냄새에 거부반응을 일으키지만, 이성간인 아들과 어머니는 그렇지 않은 모양이다. 체취란 이렇게 이성간에는 서로를 가까이 하게 한다. 암캐가 암내를 풍기면 온 동네 수캐들이 다 모여든다.

어쨌든 오관(五官) 중에서 눈을 가장 많이 쓰는 사람이지만 이렇게 냄새에도 예민하다. 개와 같은 다른 동물들은 눈보다는 거의 코(후각)나 귀(청각)에 의존하여 공격과 방어를 한다. 그러나 사람은 서서 다니기 때문에 기어다니는 동물과는 달리 주로 눈에 의존하여 생활한다. 안경점이 붐비는 이유도 이 때문이다.

그렇다면 오늘 필자가 뿌렸다는 향수나 화장품이 왜 생겼는지 대강 추측할 수 있을 것이다. 지금은 그 목적이 변질된 감이 있으나 원래는 자기 몸에서 나는 냄새가 싫어 그 냄새를 가리기 위해서였다고 한다. 그러나 우리 같은 동양사람들은 서양인들에 비해 자기 체취에 대한 거부감이 적다. 그것은 향수 사용량을 비교해 보면 금방 알 수 있다. 아마 그들은 우리네보다 육식을 많이 해서 살갗에서 질소대사물이 많이 분비되기 때문이리라. 옛날에 "미국 놈은 똥도 좋다"는 말이 유행한 적이 있다. 과학적으로 보면 옳은 말이다. 영양소 중에 단백질에만 질소가 들어 있는데 미국사람들은 육식(단백질)을 많이 하기 때문에 오줌이나 똥에 질소대사물이 많아 질소비료로서 가치가 높다. 반면 탄수화물(초식)에는 질소가 들어 있지 않다. 우리 나라의 젊은이들이 어른들보다 향수를 많이 뿌린다는 것은 그만큼 식생활이 좋아졌다는 뜻도 있다.

다음은 개의 예를 들어 냄새의 의미를 되새겨 보자. 집에서 키우던 개를 대문 밖에 내놓으면 수캐는 연신 다리를 들고 곳곳에 오줌을 싼다. 그것도 가능한 한 먼 곳까지 가서 뿌리고 돌아온다. 이러한 행위는 자기 영역을 다른 개에게 알리려는 것으로서, 여기부터는 내 땅이니 침입하지 말 것을 냄새로 경고하는 것이다. 사자도 일정한 지역 안에 오줌과 똥을 흩어 놓아 자기 세력권을 확보한다고 한다. 개는 똥을 누고 나면 흙으로 덮는데 이는 같은 개에게는 냄새로 자기의 존재를 알리고, 다른 힘센 동물에게는 자신의 존재를 은폐하려는 행위이다. 적의 공격을 받으면 모아 두었던 오줌을 뿌리고 도망가는 개구리의 행동 역시 오줌의 독성을 이용해 자기를 지키자는 것이다. 이렇게 동물들은 오줌 하나도 그냥 버리지 않고 여러 모로 활용하고 있다.

파브르의 『곤충기』가 다양하게 번역되어 있으니 학생들에게(은) 꼭 읽혀(어) 자연과 가까이하고 자연을 관찰하는 방법을 터득하도록 했으면 한다. 한 가지에 깊이 파고드는 집념도, 관찰한 것을 빠짐없이 기록하는 자세도, 또 곤충세계의 신비도 배울 수 있을 것이다. 루소의 『에밀』에도 사람은 어릴 때는 시골에서 키우고 대학은 도시로 보내라는 구절이 나온다. 그 말은 동심은 자연 속에서 펼쳐져야 한다는 뜻이다. 우리도 아이들을 자연으로 몰아가야 한다. 말은 안(못) 해도 뭔가를 배우고 느끼고 온다. 여기서 갑자기 파브르 얘기를 꺼낸 이유는 가까이에서 흔히 볼 수 있는 개미의 예를 들어 하등동물의 냄새 이야기를 해 보자는 뜻이다.

죽은 파리 한 마리에 개미들이 떼를 지어 모여든다. 그러나 처음부터 떼로 모여든 것은 아니다. 가만히 관찰해 보면, 어느 한 마리의 개미가 우연히 파리의 주검을 발견하고는 곧 똥구멍을 땅에 붙이고(지금까지는 들고 있었다) 어딘가로 급히 달려간다. 조금 있으면 달려간 쪽에서 귀뜸을 받고 식구 개미들이 한 마리씩 몰려오는데 반드시 좀전의 그 개미가 지나갔던 길로 온다. 파리를 봤던 놈이 가면서 땅바닥에 어떤 화학물질을 뿌려 '냄새 길'을 닦아 놓은 것이다. 개미는 말을 못 한다. 그래서 이렇게 화학물질의 냄새로 의사를 소통하는 것이다. 이것이 바로 '화학적 언어'이고, 이 화학물질을 페로몬(pheromone)이라고 한다. 그런데 처음 파리를 발견한 개미가 지나간 길의 일부를 물로 닦아 버리면 떼지어 오던 개미들이 바로 그 자리에서 길을 못 찾아 방황하는 모습을 볼 수 있다. 뭔가를 뿌리고 갔다는 분명한 증거다. 그리고 개미집을 건드려 보자. 개미의 움직임이 갑자기 빨라지고, 고개를 쳐들고 경계하는 모습이 역력해진다. 집을 지키던 병사개미가 '경고의 화학물질'을 뿌렸기 때문에 다른 개미들도 바로 알고 공격 태세를 갖춘다.

집에서 키우는 벌집 앞에서도 흥미로운 일이 일어난다. 문지기 벌은 한 마리씩 귀가하는 벌의 신분증을 검사하느라고 왔다갔다 몹시 바쁘다. 바로 옆에도 많은 벌통들이 있으니 헷갈릴 것 같지만 자기 통의 벌이 아니면 귀신같이 찾아서 쫓아 내거나 물어 죽이는데 모두 냄새로 확인한다. 이처럼 하등동물이 분비하는 페로몬은 경고, 영역 표시, 성적 유혹, 흔적 남기기 등의 여러 가지 역할과 의미를 가지며 그것이 바로 그들의 언어인 셈이다.

그렇다면 사람과 개의 냄새 역시 곤충의 페로몬과 같은 역할을 하고 있음을 알 수 있다. 사람의 몸냄새도 일종의 페로몬으로 성적 유혹, 자기방어의 역할을 하고, 개의 오줌은 경고, 영역 표시, 흔적 남기기(개는 멀리 가더라도 제 오줌냄새를 맡고 집으로 찾아온다) 등의 기능이 있다는 것을 알 수 있다. 사람이 오랫동안 거처하지 않은 방에는 거미가 진을 치고 벽에 곰팡이가 스는 것도 사람의 체취와 무관하다 할 수 있을까. 냄새란 괴이하고 오묘한 기능을 한다!

한술 더 떠서 사람들은 곤충의 페로몬을 합성하여 곤충 구제에 쓴다. 필자의 제자 한 사람이 이 분야를 연구하고 있는데, 암놈의 페로몬을 합성해서 뿌려 두면 수놈들이 모여들어 그 '사랑의 미약(love potion)'에 빠져 죽는다는 것이다.

사람은 눈을 많이 쓴다. 그래서 사람은 눈으로 사랑을 한다. 그러나 이제는 냄새도 한몫 톡톡히 하고 있었음을 알게 되었을 것이다.

거품에서 생명이 창조되다?

'하늘 똥구멍' 찌르는 이야기를 해 볼까 한다. 이 책 어딘가에도 7일 간의 창세기 내용이 언급되고 있지만, 그러려니 생각하고 살면 좋을 터인데 생명의 탄생에 대해서 옹졸한(?) 생각을 하는 사람들이 많다. 1993년 7월 19일자 『뉴스위크』에 실린, 생명이 처음 어떻게 생겼는가에 대한 공상 같은 이야기를 소개하고자 한다.

「교황이여! 창세기의 새로운 학설이 나왔습니다(Pop! A new theory of Gensis)」라는 굵직한 제목이 우선 눈길을 끈다. 전 세계 405명의 학자들이 모인 '생명의 기원 국제 학회'가 스페인의 바르셀로나에서 발표회를 가졌다고 한다. 그 동안 많은 논란이 있어 왔던 생명의 기원에 대해 여러 가지 가설이 있지만 기사에 실린 내용 중 알맹이만 요약하면 다음과 같다.

① 공기와 바닷물이 섞여 거품(bubble)을 만든다. ② 외

계에서 온 혜성이나 바다 밑의 화산 폭발 때 생긴 진흙과 금속성분과 유기물이 이 거품에 달라붙는다. ③ 거품이 터지면서 농축된 물질(아미노산, 지방산, DNA, RNA)들이 공기 중으로 날아간다. ④ 대기 중에서 이 물질이 번개나 자외선에서 에너지를 받아 화학반응을 일으켜 더 복잡한 물질(단백질)이 된다. ⑤ 이 화학물질이 비나 눈에 섞여 땅에 떨어져 생명이 되었다.

이것이 러만(Lerman)의 '거품이론'이다. 이제까지는 그저 농도 짙은 액체(soup)에서 생명이 처음 발생했을 것이라고 막연히 추정해 왔다. 물론 처음 만들어진 생물은 스스로 양분을 만들지 못하는(종속영양) 단세포 생물이라고 보았고, 이 원시생물이 분화하고 변해서 식물이 되었을 것으로 믿어 왔다.

시카고 대학의 밀러(Miller)는 1953년에 플라스크에 물을 끓이면서(바다와 비슷한 조건을 주고) 수소, 암모니아, 메탄가스를 넣고(대기의 성질과 비슷하게 하고) 전기 방전을 일으켰더니(번개의 역할을 하도록 하여) 며칠 후에 황갈색의 물질이 생겼으며, 그것을 분석해 보니 아미노산이었다고 한다. 이렇게 옛날의 기후 상태와 비슷한 조건에서 아미노산을 얻은 이 유명한 실험은 생명의 기원 연구에 큰 자극을 주었다.

그러나 이 아미노산들이 모여 단백질을 만드는 단계까지는 이 실험으로 가능했지만, 정작 핵산인 DNA 합성은 아직도 성공하지 못했다. DNA에는 유전물질이 들어 있으니, 생명의 탄생에는 단백질도 중요하지만 DNA 또한 중요한 물질이다. DNA는 단백질 없이는 유전정보(유전형질)를 다음 대에 전할 수 없고, 단백질은 DNA 없이는 만들어지지 못한다. 그래서 DNA가 먼저 만들어졌느냐, 단백질이 먼저냐 하는 문제는 닭이 먼저냐, 달걀이 먼저냐의 문제와 똑같이 논란이 되고 있다.

「쥐라기 공원」이라는 공상영화는 어느 정도 과학적 토대를 갖고 있어 더 흥미를 끌었다. 호박 속의 곤충에서 유전물질인 DNA를 추출하여 그것으로 다시 공룡을 만든다는 것은 상상에 지나지 않지만, 이런 엉뚱한 착안과 발상 때문에 과학의 커다란 성취들이 가능했다는 것은 부정할 수 없는 사실이다. 알프스 산의 빙하 속에서 썩지 않고 발견된 석기시대 사람의 뼈에서 DNA를 추출하여 실험을 하였고, 빙하 속의 매머드(mammoth)에서 세균을 분리하여 DNA를 분석해 생명의 비밀을 알아 내려는 시도들이 계속되고 있다.

우리 나라에서도 범죄학 분야에서 DNA 분석은 이미 실용화되었다. 혈액형은 A, B, AB, O의 네 가지 유형밖에 없기 때문에 정확도가 떨어지지만 범인의 피, 오줌, 침, 정액, 머리카락에서 분리한 DNA를 분석하면 매우 정확하다. 사람마다 생김새가 다르듯이 유전물질인 DNA 구성도 다 다르기 때문이다.

DNA가 뭔지 모르면 도둑질도 해먹기 어려운 세상이 됐다. 시골에서는 아직도 도리깨질로 보리타작을 하고 있는 곳도 있고 사람이 쟁기를 끄는 일도 있는데, 다른 한편에서는 달나라에 다녀온 사람이 있는가 하면 지금도 우주선을 타고 지구를 도는 사람도 있다. 공룡과 외계인(ET)이 더불어 살고 있는 곳이 지구다.

생명의 기원에 관한 또 다른 가설이 있다. 지구의 생명 탄생에 다른 별의 유기물이 관계하지 않았을까 하는 의문이 그것이다. 그래서 다른 행성에 생명이(고등생물이 아니더라도) 존재하는가에 대한 연구가 지금도 계속되고 있는 것이다. 미국항공우주국(NASA)에서도 이 점에 관심을 가지고 연구를 하고 있으며, 실제로 토성(Saturn)의 위성인 타이탄(Titan)에서 유기물이 발견되기도 했다고 한다.

주제에 벗어나는 것 같지만 위성이란 말이 나왔으니 우리 지구의 위성인 달에 관해서 조금 이야기해 보자. 지구는 태양의 둘레를 돌고 있고 지구의 둘레는 달이 돌고 있다. 달을 하늘에 찍어 놓은 도장〔月印〕처럼 작게 보는 사람이 있는가 하면 쟁반같이 크게 보는 사람도 있다. 과학하는 사람들로 인해 아직도 계수나무로 남아 있어야 할 곳이 분화구로 밝혀지고 말았고, 양친부모 모셔다가 천년 만년 살려던 곳에 물이 없다 하니 그렇게도 못 하게 되고 말았다. 과학은 이렇게 우리의 마음의 여유도, 삶의 위안까지도 빼앗아 간다.

그래도 달은 항상 우리 가까이에 있다. 달은 지구를 당기고 있고 지구는 달을 당기고 있어 그 상호 인력(引力)으로 궤도에서 이탈하지 않고 친구처럼 손을 맞잡고 돌고 돈다. 그래서 지구의 생물들은 달 인력의 영향을 받으며 산다. 밀물과 썰물의 조수가 달의 힘 때문이듯 사람의 몸도 마찬가지라, 여성은 생리와 생산에 달의 영향을 받고 있다. 월경(月經)이라 하여 28일을 주기로 생리 현상이 반복되고, 임신하면 평균 280일 만에 출산을 한다. 옛부터 달의 음기(陰氣)를 많이 받을수록 임신이 잘 된다고 믿었기에 음력 정월 대보름날이면 남보다 더 높은 산에 올라가 먼저 달을 맞이하려 했던 것이다.

사람의 생리 현상만 달의 영향을 받는 것은 아니다. 다른 동물에게도 같은 일이 일어나는데, 어떤 갯지렁이 무리는 여름철에 달이 만월(보름달)일 때만 암수가 떼지어 바다 위로 솟아올라와 난자와 정자를 뿌리기 때문에 그때는 바다의 색이 바뀔 정도라고 한다. 또 카리브 해안의 어떤 물고기는 꼭 12월과 1월의 보름날에만 산란을 한다고 한다.

앞에서 말한, 생명이 다른 별에서 왔을 가능성이 근래에 확인되고 있다. 미국의 우주선에 묻어 지구를 돌고 내려온 세균들에 관한 논쟁이 그하나다. 우주선을 아무리 깨끗이 청소해도 어떤 세균들은 묻어 올라가서 발사나 재진입 때 발생하는 높은 열과 우주의 낮은 중력에도 견디고 살아 돌아온다는 것이다. 그런데 높은 온도나 낮은 기압에서는 세균들의 DNA 구조에 돌연변이가 일어나 새로운 세균이 될 수도 있다고 한다. 만일 돌연변이를 일으켜 탄생한 새로운 세균이 사람에게 치명적인 병원성 세균이라면 정말 큰일날 일이다. 우주에서 생명(유기물)이 올 수는 없다고 주장해 온 사람들은 외계의 물체가 지구의 대기권에 진입할 때 발생하는 열이 섭씨 130도 이상이기 때문에 생명체가 있었다고 해도 타 죽고 말 것이라고 믿었기 때문이다. 그런데 실제로 우주선에 묻어 살아 돌아온 세균이 있다니. 물론 완전한 생명체인 세균과 원시생물은 견딜 수 있는 온도가 서로 다를 수 있지만.

앞서 말한 바르셀로나에 모인 사람들은 거의가 45억 년 전에 지구가 생겼고 35억 년 전에는 생명이 태어나 그것이 진화하여 지금의 자기가 되었다고 생각하는 사람들이다. 그러나 아직도 생명 탄생의 증거를 확실하게 제시하지 못할 뿐만 아니라, 사람의 진화 하나도 똑 부러지게 설명하지 못하고 있다.

에이즈바이러스의 새로운 변종들이 자꾸 생겨나는 것처럼 오늘도 새로 생기는 생물들이 있는 반면, 환경오염이나 남획 때문이 아니더라도 지구에서 사라지는 생물도 있다. 중년층 이상의 많은 사람의 얼굴을 얽게 해 놓아 말만 들어도 음산하게 느껴지는 '곰보'라는 단어를 만들어 냈던 천연두바이러스가 지구에서 멸종되기 직전이다. 요즘 천연두 예방접종을 하지 않는 것은 우리 나라에도 천연두바이러스가 없어졌기 때문이다. 미국과 러시아의 연구소에서 그 바이러스를 냉동 보관하고 있는데, 이것을 폐기처분할 것이냐, 그대로 보관할 것이냐 논란을 벌이고 있다. 불과 몇십 년 전만 해도 맹위를 떨치더니 이제는 영원히 사라지느냐 마느냐가 사람 손에 달렸으니 참으로 얄궂은 운명이다.

세상은 이렇게 살도록 되어 있다

"사람 위에 사람 없고 사람 밑에 사람 없다"고는 하지만 어쩐지 껄끄럽게 들리고 비아냥대는 것만 같다. 어찌 위아래가 없을 수 있을까. 인격에 차별을 둬서는 안 된다는 뜻일 뿐이다.

숲에 들어가면 큰 나무 밑에 작은 나무들이 있고, 그 밑에는 더 작은 나무가 있으며, 그 아래에는 크고 작은 풀들이 더불어 살고 있음을 본다. 식물만이 아니다. 숲 위를 솔개가 날고, 나무 위에는 송충이와 새가 있고, 그 밑에는 노루가 있다. 노루 발 밑의 풀에는 여러 종류의 곤충이 살고 있고, 또 흙 속에는 지렁이가 산다. 이렇게 층을 이루어 싸우지 않고 어울려 사는 것을 생물학에서는 층위형성(層位形成)이라 한다. 생물들이 공간을 어떻게 유용하게 활용하고 있는가를 보여 주는 본보기다.

서울의 중심가를 오랜만에 가 보면 못 보던 건물들이 하늘을 찌를 듯 솟아 있는데, 그 건물숲에서 나무숲의 의미를 다시 한 번 되새겨 본다. 숲이나 건물이 겉으로는 평화롭고 조화로 워 보이나 그 속을 자세히 들여다보면 서로 싸우고, 또 싸움을 피하면서 살아가고 있다.

이제 생물들이 싸우면서도 어떻게 지혜를 발휘하여 공생하고 있는가를 살펴보도록 하자. 생물은 모두가 먹이와 공간을 확보하여 자손을 많이 남 기기 위해서 투쟁한다. 제일 개성(?)이 강한 동물은 호랑이 무리로, 우리 나라에 살았던 호랑이(시베리아호랑이)도 옛날에는 중국, 러시아까지 퍼 져 살았으나 남획과 벌목, 전쟁 등으로 살 터전을 모두 잃고 겨우 400여 마리가 우리 나라와 접한 러시아 연해주에 살고 있다고 한다. 호랑이들은 단독생활을 하기 때문에 발정기에만 잠깐 같이 살고, 짝짓기가 끝나면 헤 어진다. 물론 새끼는 암놈이 키우고 아비인 수놈은 접근도 못 하게 한다. 한 마리의 호랑이가 살아가기 위해서는 매우 넓은 영역이 필요하며, 그 먹이 경쟁 때문에 암수도 따로 산다.

그런가 하면 떼를 지어 사는 동물도 있다. 얼룩말, 물개, 기러기, 사슴, 물고기 등이 대표적인데 이러한 생활을 '모여살기(군서群棲)'라 한다. 무 리 지어 사는 동물들은 일반적으로 힘이 약한 동물이며, 때문에 힘을 합 쳐서 적을 방어하고 종족을 보존하는 적응력을 갖고 있다. 어떤 모임에 적극적으로 참여하는 사람과 그렇지 않은 사람이 있는 것도 이와 비슷한 동물적 속성이라고 할 수 있다. 단결력이 강한 집단, 행동 반경이 크고 넓 은 개인이 적응도가 높은 것은 사실이다.

무리를 짓는 것이 유리한 예를 몇 가지 들어 보자. 6 · 25 때 이 깡촌놈 이 시골에서 소를 먹일 때의 경험이다. 지나가는 빨치산 몇을 향해 쏘아 대는 미군 비행기의 공습에 나도 죽을 뻔했지만, 공습 뒤에 소를 찾아보니 산비탈에 있던 소들이 어느 새 강변 한가운데 모여 머리를 밖으로 향하고 둥글게 원의 형태를 취하고 있었다. 위기에 맞닥뜨리면 소는 머리를 밖으로, 말은 엉덩이를 밖으로 향한 채 뿔로 박고 뒷다리로 차는 방어를 한다고 한다.

옆집 개가 짖으면 다른 놈들도 덩달아 짖어 대는 것도 집단방어의 한 형태이다. 실제로 개와 비슷한 늑대는 떼지어 행동하는 습성이 있고, 힘센 사자도 사냥을 할 때는 떼지어 몰이를 한다. 또 갈매기가 천적으로부터 자신들을 보호하는 것도 무리를 지음으로써 가능하고, 박쥐는 모여 살기 때문에 추운 겨울에도 서로 체온을 주고받아 살아남는다.

그 외에도 발정기 때 암수가 만나기 쉽다는 것도 모여살기의 장점이며, 발정한 개체가 가까이에 있으면 서로 자극을 받아 내분비물질의 분비가 촉진되어 동시에 발정할 수 있다는 이점도 있다. 하루살이도 서로 자극을 주어 같은 시간에 짝짓기를 하고, 연어도 떼를 지어 산란·방정을 하기 때문에 수정률이 더 높아진다고 한다.

사람도 마찬가지다. 기숙사 같은 곳에서 여자들이 오래 같이 지내다 보면 생리 날짜가 비슷해지고, 어머니와 딸의 생리일도 비슷해진다고 한다. 일종의 '동시성'이다. 이러한 한 무리의 동시성은 집단방어나 생식률의 증가를 가져온다.

닭에게 모이를 주면 힘센 놈이 약한 놈을 쪼아서 쫓는데 이것이 '순위제(順位制, peck-order)'이다. 이미 몇몇 닭 사이에는 이기고 지는 것이 결정되어 있어 다투지 않고 그 서열을 잘 지킨다. 그리하여 싸움이라는 행위에 에너지를 빼앗기지 않고 살아간다. 모이를 먹을 때마다 한판 '닭싸움'이 벌어진다면 그 집단에 큰 손해가 되는 것을 닭도 잘 알고 있다. 사람 사회에서 순위가 가장 잘 지켜지고 있는 곳은 군대이다. "군대는 계급이다"라는 말은 하극상을 피하려는 순위제인 것이다.

다음으로는 동식물이 자기의 영역을 가지고 있어 소모적인 경쟁을 피하는 텃세(영역제)가 있다. 어느 집의 작은 닭한테 옆집의 큰 놈이 쫓겨난다거나, 큰 개가 작은 개를 슬슬 피해 지나가는 것을 볼 때가 있다. 상대방의 영역임을 인정하기 때문이다. 그렇지 않으면 싸움이 일어나고, 사람들은 전쟁이라는 이름으로 서로 피해를 입는다.

텃세란 결국 한 동물이 차지하는 일정한 면적을 말하는데, 들쥐가 1제곱킬로미터, 곰이 150제곱킬로미터, 아프리카 들개의 한 종류는 4000제곱킬로미터에 달한다고 하니 우리 호랑이는 얼마나 되겠는가. 훨씬 더 넓은 영역을 필요로 했을 것이다. 또 육식동물이 초식동물보다 훨씬 더 넓은 면적을 텃세로 하고 있다. 똑같은 텃세 행위를 사람들의 운동경기에서도 본다. 우리 선수가 우리 나라에서는 잘했는데(홈그라운드의 이점) 다른 나라에 가면 성적이 좋지 않은 경우가 그런 예이다.

사막의 선인장들을 조사해 보면 포기와 포기 사이의 거리가 마치 자로 잰 듯해서 공중에서 내려다보면 마치 논에 심은 벼처럼 바둑판 같다고 한다. 이런 특징을 우리는 '나누어살기(분서分棲)'라고 하는데, 바닷새들이 집을 지을 때 서로 쪼아 부리가 닿지 않을 만큼의 간격을 두고 집을 짓는 것도 나누어살기의 좋은 예이다. 그러나 사람들은 도시로 모여들어 개미떼처럼 살고 있으니 먹이와 공간 확보가 어려워 걸핏하면 서로를 해치는 살인, 강도 등 많은 사회문제가 발생한다.

살인 얘기가 나왔으니 다른 동물들은 어떤가 보자. 결론적으로 동물계에서는 같은 종은 서로 보호하고 도와 주며, 설사 다툼이 있어도 결코 죽이지는 않는다. 기린의 뒷발질은 덩치 큰 코끼리도 죽일 만한 힘이 있지만 기린끼리의 싸움은 서로 목을 맞대고 힘껏 미는 힘겨루기가 고작이다. 한방 먹이면 단번에 상대방을 죽일 수 있는 독을 가지고 있는 독사도 서로 싸울 때는 절대로 상대를 물어 죽이지 않고 몸을 짓누르고 친친 감아 힘을 빼는 싸움을 한다. 그러나 사람은 창과 활에서 시작해서 이제는 핵폭탄까지 동원해 같은 종을 죽인다. 알고 보면 과학의 발달은 어떤 측면에서는 전쟁 무기의 발달과 일치하고, 새로운 무기를 만들기 위한 노력이 곧 과학이다. 이런 무서운 동물은 사람밖에 없다. 그래서 인간은 종교까지 만들어 낸 하등한 동물이다.

이렇게 동식물들은 경쟁을 하면서도 가능한 한 여러 방법을 동원해 경쟁을 피하고 한데 섞여 조화를 이루면서 협동과 공생의 슬기를 발휘하고 있다. 그러고 보면 동물보다 못한 동물은 '머리에 털 난 짐승'이다.

내 몸에서 가장 귀하게 여기는 부분은?

지금부터 30여 년 전 필자의 신혼 시절 이야기를 하나 해 보자. 그때만 해도 비누가 무척 귀했던 터라 시골에서는 빨랫비누로 머리를 감았고, 서울에서 살던 우리 부부도 목 위는 미제 비누를 쓰고 나머지 부분은 지금은 구경도 할 수 없는 빨갛고 딱딱한 국산 비누를 썼다.

사람들은 용렬하고 무신경하기 짝이 없어 제 몸 하나도 이리저리 차별하면서도 그걸 모른다. 머리는 미제 비누로 감고 제 발은 국산 비누로 씻는 모습은 지금 생각해도 가련하고 우습기만 하다(당시만 해도 비누의 질이 좋지 못했다는 '역사'를 고려해야 하겠지만).

좌우지간 누구나 자기 몸 중에서 머리를 가장 소중히 여긴다. 그래서 대사(大事)가 있으면 이발소와 미장원부터 찾는다. 또 남학생들은 손수건은 없어도 뒷주머니에 빗 하나는 꽂고 다녔고, 여학생들도 거울만 보면 우선 머리부터 매만지고 본다. 여자들이 단장하는 걸 보면 머리 만지는 데 드는 시간이 가장 길다.

"머리를 깎였다"는 말은 남에게 억지로 무슨 일을 당했다는 뜻이다. 군에 입대하기 위해서 머리털을 깎으러 이발소에 온 젊은이가 머리를 푹 숙인 채 잘려 나간 머리카락 위에다 눈물을 뿌리고 있는 것을 본 적이 있다. 교도소 입소 전에 머리카락을 잘리는 죄수의 심정은, 경험하지 못해 잘은 모르겠으나 아마도 손가락을 잘리는 심정이리라. "신체발부 수지부모 불감훼손이 효지시야(身體髮膚 受之父母 不敢毁損而 孝之是也)"라고, '내 몸은 내 몸이 아니고 부모의 몸이니 함부로 훼손하지 않는 것이 효'라는 뜻을 새기면서 우는 것은 아니리라.

머리카락을 길게 기르고 싶은 것은 사람에게 잠재된 본능이라고 한다. '머리에 털 난 짐승', '머리 검은 짐승'이란 사람을 가리키는 말이다. 동물 중에서 머리에만 긴 털이 난 것은 사람뿐이기 때문이다. 원숭이는 온몸에 털이 나 있고, 수사자는 목줄기에만 긴 털이 있을 뿐이다.

머리가 빠지는 대머리 유전자를 가진 사람들은 창피하게 생각해서 가발을 쓴다. 오죽하면 발모제로도 모자라 머리카락을 심는 기술까지 발달했겠는가. 허나 "통근길에 대머리 총각……" 운운하던 유행가 가사처럼 대머리를 좋아하는 여자들도 있으니 숫기 좋게 살아가자.

머리카락은 머리를 보호하는 중요한 일을 한다. 여름에는 그늘을 만들어 서늘하게 하고, 겨울에는 모자처럼 보온 효과가 있다. 머리카락 때문에 머리를 부딪혀도 덜 다친다. 그런데 흰머리카락은 검은 것보다 '그늘'과 '보온' 기능이 약하다. 그래서 머리가 빨리 회어지는(세는) 사람은 머리가 덜 빠지고, 빨리 빠지는 사람은 일반적으로 회어지지 않는 보상 현상도 있다.

그러면 자기 몸 중에서 가장 천시하고 무시하는 부분은 어딜까? 손은 그래도 귀한 축에 들어 자주 씻어 주라고 한다. 우리가 쓰는 '수족(手足)'이라는 말은 손과 발을 동등하게 대우하는 것처럼 들리지만 알고 보면 큰 차이가 있다. 어릴 때 배가 아프면 "엄마 손은 약 손이다"라며 손으로 배를 만져 주셨지만 '약 발'은 아니었고, 방학을 맞아 집에 가면 따뜻하게 내 손을 잡고 쓰다듬어 주신 것도 어머니의 손이었다. 잡아 주는 손, 합장하는 손, 악수하는 손……. 그래도 손은 머리 다음으로 대접받고 산다.

"어머니의 손, 아버지의 발"은 필자가 즐겨 쓰는 표현이다. 어머니는 손으로 모든 일을 해 낸다. 구멍 난 양말을 깁고, 음식을 만들고, 다림질을 한다. 그러나 아버지는 '뛰는' 발이 중요하다. 필자의 어머니처럼 지문이 없어진 손도 있지만 보통 아버지들은 가뭄에 갈라진 논바닥 같은 뒤꿈치로 평생을 사셨다.

지금도 사람이 긴 꼬리에 네 다리로 기어다닌다면 팔은 앞다리요 다리는 뒷다리일 테고, 목은 뒤로 90도 젖히고 살 것이다. 체중도 앞다리와 나누어 질 테니 뒷다리는 힘이 덜 들리라. 그러나 어쩌다가 직립(直立)하고 보니 몸의 모든 하중이 뒷다리로 모이고, 그래서 발바닥에 티눈도 생기고 그렇게 두껍게 변하고 말았다.

발은 위험한 곳에도 제일 먼저 가야 하고, 더운 날에도 양말에 싸여 있어 수분을 발산하지 못해 곰팡이가 창궐하여 무좀에 시달려야 한다. 게다가 웬 멋을 낸다고 불편하기 이를 데 없는 구두까지 신어야 하니, 졸리고 눌려서 피가 통하지 않아 오후가 되면 부어오르기까지 한다. 꽉 끼는 신발에 눌려 뼈까지 위험해지면 발은 제 스스로 딱딱한 티눈을 만들어 자신을 보호해야 한다. 서서 다니자니 등뼈들은 서로 짓눌려서 그 사이에 끼어 있던 디스크가 빠져나와 신경을 눌러 대니 허리는 물론이고 허벅다리의 좌골신경까지 저리고 아프다.

몸의 모든 부분이 제 할 일을 착실히 하고 있지만, 발과 다리처럼 힘들게 일하는 것도 드물다. 서서 일을 많이 하는 사람들이 늙으면 다리의 정맥들이 굵어져 빨대처럼 튀어나올 정도로 다리는 힘들다. 마라톤선수의 다리 역시 너무 불쌍하다. 그렇게 궂은 일을 도맡아 하는 발을 차별 대우를 하다니, 제 몸도 이렇게 대하는 인간이 다른 이는 어찌 대하겠는가. 곰곰이 생각하면 슬픈 일이다.

그러나 발은 필부(匹夫)에게는 그저 '발'에 지나지 않으나 고인(高人)들에게는 가장 귀한 몸의 일부이다. 최인호 씨의 소설 『길 없는 길』의 한 토막에서 발의 의미를 다시 보자.

마하가섭은 마침 기사굴산의 토굴에서 수행하고 있었는데…… 부처는 사라나무 아래에서 열반에 들고 있음이었다. 이에 가섭이 급히 구시라성으로 돌아왔으나 이미 부처의 육신은 입멸에 들어간 뒤였으며 그의 육신은 금으로 만든 관 속에 들어 있음이었다. ……금관의 주위를 세 번 돌고 다시 세 번 절하면서 슬피 울며 말하였다. "이 육신을 버리고 먼저 홀로 가셨군요." 그러자 갑자기 금관 속으로부터 부처의 두 발이 나와 이를 내보이셨다. 금관 밖으로 두 발을 내보임으로써 세 번째로 자신의 마음을 마하가섭에게 전해 보인 부처.

이렇게 죽어서 제자에게 내보인 부처의 두 발이 부적처럼 집집마다 문지방에 붙어 있으니 그것이 불족(佛足)이다. 예수의 발을 씻을 수 있는 제자가 따로 있고, 교황의 발에 입맞춤할 수 있는 사람이 몇이나 되는가. 알고 보면 발은 몸의 신성한 부위다.

"발의 효도 자식보다 낫다"는 속담처럼 제 발로 걸어다니며 구경도 하고 얻어먹을 수 있어 "맏아들보다 낫고, 의붓자식보다 낫다"고 한다. 다리의 든든한 힘은 곧 건강을 상징한다. 갓 태어나서는 아직 다리에 힘이 오르지 않아 걷지 못하고, 늙으면 육신의 다른 부분은 아직 건강하나 다리에 힘이 빠져서 앉은뱅이가 된다. 태어나고 죽는 것이 결국은 다리에서 시작하여 다리에서 끝난다. 조로인생(朝露人生)이라, 사람의 몸은 아침 풀잎 끝의 이슬처럼 덧없는 것이요, 센 바람 불면 꺼지는 촛불이 아닌가. 필자는 '지족최상(知足最上)'을 좌우명으로 하여 살고 있다. 만족을 알면 그 이상 좋은 일이 없다는 뜻으로 『법구경』에 나오는 말이다. 욕심 내는 것을 삼가고 또 삼가는 게 바람직하다.

머리카락을 열심히 다듬고 매만져 이성에게 매력적으로 보이려는 본능에만 충실하지 말고 고생하는 '나의 이웃'인 내 발에도, 다리에도 관심과 사랑을 나누어 주자. 무릇 편애란 가장 위험한 사랑이다.

다윈의 자연도태설 (자연선택설)

　　　　　이 글을 읽는 이들 중
에는 미주알고주알 따지기 좋아하는 박물군자(博物君子)
도 있을 것이고 신심(信心)이 깊은 이도 있을 테니, 그런
이들이 맹목적인 거부반응을 일으키지 않기를 바라며 창
세기 1, 2장의 일부를 적어 본다. 자기의 믿음과 주장을
펴기 위해서는 남의 생각과 이론도 알아 둘 필요가 있다.
지피지기 백전불태(知彼知己 百戰不殆)라고 한다. 나와 너
를 모두 알 때 참 앎이라 한다.

　첫날에 낮의 빛, 밤의 어둠을 창조하시고,

　이튿날, 하늘, 궁창(하늘) 아래에 물, 위에 물을,

　사흗날, 천하의 물을 한곳으로 모으고 땅, 바다, 씨 맺는 채소,

　　씨 갖는 열매나무를,

　나흗날, 사시(四時), 날짜, 별들을,

　닷샛날, 하늘에는 새, 물에는 물고기를,

엿샛날, 육축, 짐승을 만들고 하나님의 형상에 따라 사람을 만들어 모든 생물을 다
　스리고 정복하다.

이렛날, 안식하시다.

　……흙으로 사람을 지으시고 생기를 코에 불어넣으시니 사람이 생령이 된지라
동방의 에덴동산을 창제하시고…… 모든 생물의 이름을 아담이 지었다. ……아담
을 깊이 잠들게 하여 아담이 깊이 잠들매 갈빗대 하나를 취하고 살로 대신 채우고
그 갈빗대 하나로 여자를 만드시고 그를 아담에게로 이끌어 오시니……

　사실 현대인으로서는 받아들이기 어려운 점이 있으나 그 속에서 비과
학적인 점만을 찾으려 해서는 안 된다. 우리가 건국신화(단군신화)를 머
리로 따지지 않고, 하나의 믿음 아닌 믿음으로 지켜 가는 것과 같다. "곰
으로 하여금 마늘과 쑥을 먹게 하고 100일이 지나 사람으로 화하게 하였
다"라는 단군신화를 비과학적이라고 따지지는 않는다.

　어느 종교나 종교의 속성상 권위주의, 절대주의, 불가변성을 가지고 있
다. 이렇게 교권주의가 국가와 국민을 지배하던 영국에서, 1859년『종의
기원(The Origin of Life)』이라는 책이 출판되어 하루에 1250권이나 팔리는
등 큰 반응을 일으켰다. 이 책은 역사상 가장 큰 지적 성취를 이룬 책으로
평가받았으며, '생존경쟁의 결과 적자생존'이라는 이론은 자유를 갈구하
던 당시의 영국사람들에게 큰 희망을 주기까지 했다. 무엇보다도 하느님
이 만든 모든 것은 '변하지 않는다'라는 불변의 사상에 대해 '좋은 변한
다', 즉 '변하지 않는 것은 없다'라며 도전하는 '진화설'이 1859년에 공공
연히 탄생한 것이다. 사상의 혁명이요, 발상의 전환을 가져왔던 세계사적

사건이었다. 이처럼 그 동안 인간이 이루어 온 모든 지적 영역에 큰 변화를 준 사람은 바로 찰스 다윈(Charles Darwin)이다.

"스승 없는 제자가 있을 수 없고 호랑이 스승 밑에 개 제자 안 생긴다"고, 다윈 전에도 설득력 있는 이론을 펴지 못했을 뿐 다윈의 자연도태설의 밑바탕이 되는 주장은 있어 왔다. 아리스토텔레스는 종의 변화와 종의 자연선택 개념의 씨앗을 뿌려 놨으나 자연에 대한 연구의 부족으로 이론으로 정립하지 못했다. 또 그 이후 기독교의 융성으로 진화의 관점을 가진 사람들은 반역자, 이단자로 매도되었다.

아리스토텔레스 이후 2000년이 지나서야 라마르크(Lamarck)는 '용불용설(用不用說)'에서 생물은 자기가 처해 있는 환경에 적응하려고 애쓰고 그 결과 형질의 변화가 일어나 다음 대에 그 변한 형질이 전해진다고 주장했다. 그 후에 지질학자 찰스 라이엘(Charles Lyell)은 화석을 연구하여 생명의 나이는 수천 년이 아니라 수백만 년이라고 주장했다. 아일랜드의 대주교 제임스 우셔(James Ussher)는 기원전 4004년을 생명의 창조 시간으로 잡았는데 라이엘의 주장은 이 불문율에 대한 도전이었다. 나중에 인구학자 맬서스(Malthus)는 그의 수필에서 "동식물뿐만 아니라 사람도 환경이 허락하는 능력 이상으로 수(후손)의 증가가 일어나는 경향이 있다"고 썼는데, 이 글은 '과잉생산으로 생존경쟁'이 일어난다는 것을 다윈이 믿게끔 하는 큰 자극이 되었다고 한다.

이런 일들보다 더 큰 자극이 되었던 것은 다윈 본인이 스물세 살에 탐사선 비글(Beagle)호를 타고 5년 동안 직접 채집을 다닌 일이다. 그때까지 고민하고 있던 종의 변화 문제는 갈라파고스 섬의 답사에서 거의 결론을 내릴 수 있었다고 한다. 많은 지층을 관찰한 결과 지층에 따라 화석의 종류와 분화가 다른 것을 보았고, 또 핀치새(finch bird)의 부리의 모양, 크기 등이 다양한 것에서도 확신을 얻을 수 있었다고 한다. 아래 지층의 화석과 위의 것이 다르다는 것은 종이 변해 왔다는 것이고, 원래는 한 종의 핀치새였는데 나무와 땅에 사는 놈들이 각각 다르게 그 환경에 적응하면서 변해 왔다고 결론을 내릴 수 있었다. "갈라파고스 섬의 동식물은 원래 남미대륙의 것과 같은 조상이었으나 다른 환경에 적응하여 많이 변했고", "살아 있는 생물은 결코 하느님이 만든 것이 아니라는 것은 불변의 진리다"라고 확신하게 되었다.

대부분의 사람들이 하느님의 창조를 믿는 사회 분위기에서 이렇게 엉뚱한 생각에 탐닉된 다윈의 사고방식, 이것이 바로 과학하는 자세인 것이다. 남과 다르게 생각할 수 있는 용기가 있는 사람이라야 새로운 것을 창조할 수 있다. 그리고 과거를 응시하는 일은 미래를 예견하는 것만큼이나 어려운 일이다.

다윈은 의사가 되라는 부모의 권고를 무시하고 케임브리지대학에서 목사가 되기 위해 공부했고, 10등이라는 우수한 성적으로 졸업하면서도 항상 종의 분화가 어떻게 이루어지는가에 대한 의문을 갖고 있었다. 그는 20년이란 긴 세월을 실험을 한 것도 아니고 정보를 캐낸 것도 없이 하나의 해묵은 의문을 간직한 채 살아야만 했다. 태평양의 외로운 섬에서 보고 느낀 것과 채집해 온 재료를 펼쳐 놓고, 이를 정리하고 기록하고 분석하여 그의 솔직한 의견을 붙이는 것이 그가 한 일의 전부였다.

그의 책 『종의 기원』은 수많은 반대와 혹평에 부딪히기도 했지만 또한 그만큼 많은 사람들의 지지와 호응을 받은 것도 사실이다. 현대의 많은 생물학자들도 과거와 마찬가지로 오늘도 새로운 종이 생기고 또 멸종하기도 하면서 생물은 하나의 조상에서 시작해 계속 변화하고 있다고 믿고 있다.

다윈의 진화 개념을 간추려 정리해 보자. 그런데 자연도태와 자연선택 이란 용어가 혼용되고 있는 것은, 어떤 종이 적응하여 살아남는 쪽에서 보면 '선택'이고 경쟁에서 지는 측면에서 보면 '도태'가 되기 때문이다.

① 모든 생물은 똑같은 개체가 없으며 크기, 색깔, 생식, 행동에서 변 이(variation)를 나타낸다. 이렇게 생긴 변이는 다음 대로 유전된다.

② 자연에서 모든 생물은 생존 가능한 개체보다 더 많은 후손을 남긴다.

③ 그렇기 때문에 먹이, 서식처 확보를 위한 생존경쟁이 생긴다.

④ 어떤 개체는 다른 개체보다 생존력이 강하다.

⑤ 그 결과 적자생존(the survival of the fittest)이라는 자연선택이 생긴다. 즉 좋은 변이종은 살아남아 그 특징이 후손에게 전해져서 환경에 더욱 잘 적응한다.

⑥ 환경의 변화에 잘 적응하는 신종(new species)이 생긴다. 이렇게 하여 하나의 조상에서 많은 새로운 종이 생기는 진화가 일어난다.

그러나 다윈의 자연선택설도 현대과학의 지식으로 보면 다음과 같은 결점과 미비한 부분이 있다.

① 개체변이가 유전된다는 것은 잘못된 것으로, 변이 중에서도 돌연변 이만 유전된다.

② 사람과 같이 경험을 다음 대로 전달할 수 있는 소위 문화의 진화
(cultural evolution) 개념이 전혀 없다.

③ 생태적, 생식적 격리(isolation) 개념이 전혀 없다.

설사 그렇다 하더라도 지금까지는 성역이었던 종의 고정 · 불변 개념에서 종도 생성 · 소멸한다는 종의 변화를 주장하기에 이르렀으니, 이 진화설은 영국인들에게는 교권주의에서 벗어나게 하는 계기가 되었다. 또 마르크스, 엥겔스의 자본경제론에 다윈의 적자생존론이 가미되어 패권주의를 낳았고, 양육강식론으로 변질되어 제국주의의 도구로도 이용되었다. 다윈은 순수한 동기에서 자연에서 일어났고 또 일어나고 있는 현상 그 자체를 연구하였으나, 이 이론을 인간의 생존에 대입하고 국가간의 힘의 논리로까지 확대 해석하는 것은 또 다른 문제다.

흙은 흙이 아니라 생명인 것이다

필자의 은사이고 우리 나라 식물생태학의 태두이신 김준민 선생님이 옮기신 책 『토양과 문명(Soil and Civilization)』의 서문에는 "이 책은 인간의 역사를 토양에 대한 인간의 반응에서 파악하려고 시도한 최초의 책이라 할 수 있다. 저자 에드워드 하임스는 토양을, 인간의 생명을 유지할 수 있는 살아 있는 유일한 물체로 정의함으로써, 이제까지 토양을 무기물 분자와 유기물 분자의 무생물학적 집합이라고 보아 온 개념을 넘어서, 생물학적이며 살아 있는 전체를 뜻하는 것으로 사용할 것을 주장하고 있다"라고 씌어 있다.

이 책은 필자가 스승에 대한 감사의 마음으로 필자의 저서 『원색한국패류도감』을 보내 올린 데 대한 증답(贈答)으로 보내 오신 것이다. 흙을 생명이 없는 무기물이 아니라 살아 숨쉬는 생명체로 보게 된 것은 흙의 개념을 새로 쓰게 하는 일이다. 신화의 세계에서 시작해 현대에 이르기까지 흙과 인간의 관계를 파헤치고 있으면서도 매우 시감(詩感)이 넘치는 책이다. 이런 글도 들어 있다. "땅에 씨앗을 심는 행위는 전부는 아니더라도 사람의 성적 행동과 거의 유사하다고도 볼 수 있다."

또 선생님의 역서(力書) 속에는 다니엘 디포(Daniel Defoe)의 『로빈슨 크루소』 이야기도 나온다.

자루 속의 얼마 남지 않은 밀을 쥐들이 모두 먹어 버려서 자루 속에는 껍질과 먼지밖에는 없었다. ……나는 바위 밑 나의 소굴 한 모퉁이에 있던 자루에서 옥수수 껍질을 털어 버렸다. 내가 이 쓰레기를 내던진 것은 방금 말한 호우가 내리기 얼마 전이었다. 무엇을 던졌는지 전혀 주의도 않고, 내가 던진 사실을 기억조차 못 하였다. 한 달쯤 후에 예전에 본 적이 없는 어떤 식물이라고 생각되는 파란 줄기가 땅으로부터 솟아나오는 것을 보았을 때 나는 놀랐다. 그리고 좀더 시간이 지난 후에 10~12개의 이삭이 나오는 것을 보았을 때 나는 더욱 놀랐다. 그것은 완전히 푸른 보리였다. 이 경우에 대한 혼매한 생각을 표현할 수가 없다. 지금까지 나는 어떤 종교적 관념도 갖지 않았으며 우연이 아니고는 나에게 일어난 어떤 것에 대하여 아무런 느낌도 갖지 않았다. ……그러나 보리가 자라는 것을 보았을 때, 나는 하느님이 기적적으로 이 곡식을 자라게 했다고 생각하기 시작하였다.

『로빈슨 크루소』는 필자가 초등학교 때 형님이 사다 주신 몇 권의 책 중 하나로 읽고 또 읽었던 책이다. 외딴 섬의 그와 지리산 오지의 내 삶이 비슷하다고 생각해서 그랬을까. 아무튼 그가 느낀, 흙에서 파란 보리싹이 났을 때의 놀라움을 우리들은 잊고 사는 것이 아닌지……. '여름 하루살이에게 얼음 이야기'를 해 주는 꼴이 되어서는 안 되겠다. 흙의 의미를 재

음미해야 할 일이다.

'흙 파먹고' 사는 사람이 어디 농부뿐이겠는가. 우리 모두가 흙을 파먹고 살고 있다. 땅이 있어야 그 사이에 만물이 있고 사람이 또한 귀한 것이 아니겠는가[天地之間 萬物之中 唯人而最貴]. 흙을 만지자. 내가 왔고 가야 할 곳이 바로 흙이다. 개국 이래 5천 년 동안 태어나고 죽은 그 많은 조상들이 모두 어디에서 왔다가 어디로 갔는지 우리는 알고 있다. 흙에서 자란 풀을 먹고 살다가 그 풀의 거름이 되고 만 것이다.

흙을 만질 때는 맨손으로 만져야 흙의 감촉을 느낄 수 있다. 시시콜콜 따진다고 시큰둥할 일이 아니다. 화초의 분갈이를 할 때도 걸맞지 않게 목장갑을 끼거나 고무장갑까지 끼는 사람이 있는데 흙은 그렇게 더러운 게 아니다. 어릴 때 소 먹이러 가서 모래밭에 옹기종기 모여 앉아 왼손 위에 모래 얹고 오른손바닥으로 다독다독 치면서 "두껍아 두껍아 집을 지어라, 헌집 줄게 새집 다오……" 리듬에 맞춰 흥얼거렸다. 참찹한 모래의 감촉이 지금도 느껴지는 듯하다. 입술까지 오므리며 조심조심 손을 빼고, 아래를 파고 다듬어 집을 지었다. 요즘 아이들도 다를 바 없어 모래나 흙을 파고 뒤집으며 노는 모습을 보면 나도 몰래 발길이 멈춰진다. 아직도 나의 몸 한구석에 그때 그 동심이 남아 있다는 증거다. 그런데 동심이 많아야 장수한다고 하니 모두 어린아이처럼 생각하고 살아갈 일이다.

흙냄새를 맡아 보자. 흙 속에는 토기(土氣)가 들어 있으니 그 기를 가득 마시자. 흙 속에는 무수히 많은 미생물이 살고 있어서 그로 인한 특유의 냄새(향기)가 있다. 인삼냄새 같기도 하고 냉이 뿌리 내음 같기도 한 독특한 향기. 그 향기가 없는 흙은 기가 없는 흙이니 모래에서는 그 냄새를 맡을 수 없다. 세균이 없기 때문이다. 『토양과 문명』에는 "세균이 없는 땅은, 시체가 사람이 아니듯이, 토양이 아니다"라는 말이 있다. 흙 입자 사이에 들어 있는 물에는 순수한 물뿐만 아니라 무기염류도 녹아 있는데, 그 무기염류는 유기물을 세균이나 곰팡이가 분해한 것으로 비옥한 땅일수록 많으며 모래에는 아주 적거나 없다. 그래서 건 땅일수록 짙은 향기가 난다.

망망대해에서 한 달이 넘게 생활하고 나면 조국이 그립고 처자식이 보고 싶은 것은 물론이고 흙내음도 맡고 싶어진다고 한다. 그래서 배가 육지 가까이에 이르면 눈으로는 볼 수 없어도 코는 땅냄새를 맡는다고 한다. 보이지도 않는 땅의 내음을 코가 먼저 느낀다니, 마냥 땅에서 살고 있는 우리로서는 모를 일이다. 공기와 물의 고마움을 깨닫지 못하고 지내는 것이나 다를 바 없다.

그런데 '흙내가 고소하다'는 것은 죽음이 가까이 왔을 때 나타나는 생리적 반응의 하나라고 한다. 땅내가 고소하니 이제 곧 그곳으로 가게 된다는 뜻이다. "내 눈에 흙이 들어가기 전에는……"이라는 표현도 죽으면 흙에 묻힌다는 것을 전제로 하고 하는 말이다. '함소입지(含笑入地)'라는 말도 미소를 머금으며 땅으로 들어간다는 뜻으로 죽음을 숙명으로 생각하고 초연히 받아들인다는 뜻이다. 죽음이란 곧 땅으로 들어가는 것이다. 누구나 그렇게 묻혀야 할 땅을 '더러운 것'으로 여기며 살아가다니. 어머니의 젖은 어디에서 왔던가. 땅에서 토기를 빨아들여 자란 곡식이 아니었던가. 그러니 어머니 젖도 흙에서 온 것이다.

무덤 자리의 흙은 너무 딱딱하지도 너무 부드럽지도 않아야 좋고, 너무 말라도 너무 물기가 많아도 좋지 않다. 죽어서도 좋은 흙에 묻혀야 빨리 썩는다. 너무 건조해도, 너무 물기가 많아도 시체는 썩지 않으니, 좋은 흙이라야 세균과 곰팡이의 번식이 활발하게 일어나 시신을 빨리 분해해 좋은 토양으로 만든다. 세균과 곰팡이를 생물학에서는 생태계를 구성하는 3대 요소 중 하나로 친다. 즉, 식물을 통틀어 생산자, 동물을 소비자, 세균 같은 미생물을 분해자라고 하는데, 이 분해자가 없으면 생태계의 순환이 일어나지 못한다.

언젠가는 우리 나라 7천만의 사람들의 모두 죽을 텐데 만일 그들의 시신이 썩지 않고, 또 배설한 오줌·똥이 그대로 남아 있다면 그런 낭패가 또 어디 있겠는가. 한강의 물이 흐르면서 사람과 가축의 배설물을 썩이는 (분해하는) 자정 현상이 없었다면 서울의 식수는 어떻게 되었을까. 그래서 '썩는다'는 것은 성스러운 것이요, 주검이 잘 썩는 무덤 자리가 명당인 것이다.

흙은 암석의 풍화 현상으로 생긴 것이다. 원래는 바위였으나 긴 세월을 두고 기후, 산성 물질, 열과 냉각, 빙하 등의 영향으로 풍상을 겪으면서 (이것을 『토양과 문명』의 저자는 '시간의 모욕insult of time'이라고 했다) 풍화되어 입자가 크면 모래, 작으면 흙이 되었다. 흙(soil)도 입자의 크기에 따라 점토(clay), 침니(沈泥, silt) 등으로 나뉜다. 정녕 '시간의 모욕'이라는 말이 가슴에 와 닿는다.

필자도 지금 막 앓던 이 하나를 빼고 왔다. 내 일생의 한허리가 넘도록 나를 위해 봉사해 준 '어머니의 이'를 뽑고 나니 세월에 모욕을 당하는 기분이 들고, '아, 늙었구나' 하는 허무감에 흠칫 놀라기까지 했다. 어릴 때는 시간이 너무 더디게 흘러 언제 나도 형님처럼 클까, 언제쯤이면 담배도 피울 수 있을까 했는데, 이제는 어제의 나와 오늘의 내가 다르게 느껴질 정도로 시간이 빠르게 간다. 마치 달리는 말을 문틈으로 보는 것같이 빠른 세월의 흐름을 '극구광음(隙駒光陰)'이라 하던가. 아무도 거스를 수 없는 시간의 흐름. 절대 시간은 누구에게나 같은데 말이다. 그래서 누군가는 시간의 흐름이 나이에 따라 다르게 느껴지는 것을 수치로 표현했다고 한다. 즉 '나이분의 1'로 느껴진다는 것이다. 일곱 살 어린아이는 7분의 1이고, 열일곱 살은 17분의 1, 칠십 노인은 70분의 1이니, 일곱 살의 아이보다 칠십의 노인이 열 배나 빠르게 느낀다는 것이다. 세월이 흐르는 것이 아니라 사람이 흘러가는 것이라는 말도 옳은 듯싶다.

지구의 북위 34도와 남위 34도 사이에 배고픈 사람들이 다 모여 있다고 한다. 땅은 사막으로 바뀌어 가고, 비가 오면 홍수요 그치면 가뭄이라 씨곡식까지 말라 버린다는, 이른바 '기아대(hunger belt)'인 것이다. 이런 달갑지 않은 일이 우리 나라의 영호남 일부에서 일어나고 있으며 기아대는 북상, 남하를 계속하고 있다고 한다. 나무가 사라져 무기물 성분이 비에 씻겨 나가 흙이 더 이상 물을 품지 못하는 사막화 현상인 것이다. 지구의 사막화는 인간 스스로가 자초한 일이다. 자기가 심은 악과(惡果)를 자기가 따 먹고 있는 셈이다. '선인선과 악인악과(善因善果 惡因惡果)'인 것이다.

흙은 신성하다. 캐나다에 사는 친구가 십 년 만에 한국에 온 적이 있는데 그 뒤 필자가 캐나다에 갔을 때다. 춘천에서 같이 마셨던 경월 소주잔이 다른 잔들과 나란히 있는 것은 물론이고, 예쁜 병에 흙이 가득 담겨 있는 게 아닌가. 나는 직감으로 그것이 '조국의 흙'임을 알았다. 그 속에 조상의 원소(元素)가 들어 있고, 부모의 기와 조국의 혼이 깃들어 있는 것이다.

흙은 흙이 아니다. 생명이다.

100조 개의 세포가 모여 한 사람이 된다

심안(心眼)이라는 말
이 있다. '마음과 눈' 이라는 뜻도 되고 '마음의 눈' 을 뜻
하기도 하지만, '눈으로 보되 마음이 보지 못하면 그 어
떤 것도 제대로 보지 못한 것이다' 는 뜻이다. 그림을 볼
때도 눈으로는 그림 전체를 보는 것 같지만 마음의 눈은
한 부분 한 부분을 보고 있음을 느낀 적이 있을 것이다.
　그러면 사람이 육안으로 볼 수 있는 크기의 한계, 다시
말해서 우리의 눈은 얼마의 크기(길이)까지 볼 수 있을
까? 신문의 사진도 자세히 들여다보면 많은 점으로 되어
있어서, 얼굴에는 흰 바탕에 검은 점이 일정하게 찍혀 있
고, 검은 머리카락은 검은 바탕에 흰 점이 찍혀 있다. 만
일 그 점들이 아주 촘촘히 찍혀 있다면 점과 점을 구분하
지 못하겠지만 얼마 이상 떨어져 있으면 구분이 된다.
　구분할 수 있는 두 점 사이의 거리를 해상력(解像力)이
라고 하는데, 사람 눈의 해상력은 0.1밀리미터(100마이크

로미터)이다. 다시 말해 우리의 눈에 보이는 물체는 0.1밀리미터보다 큰 것들이다. 그러니 눈에는 보이지 않지만 작은 먼지, 세포, 포자, 바이러스가 공중을 날아다니고 있으며, 손에는 3억 마리 이상의 세균이 묻어 있고, 얼음과자나 냉면 국물에도 대장균이 득실거린다. 세균을 영어로 박테리아(bacteria)라고 하는데, 생명과도 바꾸는 돈에도 그 더러운 박테리아가 득실거린다.

세균의 대표 격인 대장균은 크기(지름)가 0.001~0.002밀리미터라 눈으로는 볼 수 없다. 만일 우리 눈이 현미경 같아서 대장균이 콩알만하게 보인다면 어떻게 될까 상상해 보자. 공기 중에도, 물 속에도, 손바닥에도, 애인의 얼굴에도 콩 같은 세균이, 조약돌 같은 분필가루가, 새끼줄 같은 먼지가 눈에 보인다면?! 눈앞에 보이는 그 많은 덩어리들 때문에 꼼짝도 못 할 테니 큰일날 노릇이다. 우리 눈의 해상력이 지금 이 정도인 것은 조물주의 게으름이 아니라 융통성이었다. 이것이 미완성의 여유요, 삶의 여백이다.

사람도 너무 꽉 찬 사람은 매력이 없다. 꽉 찬 사람이란 꽉 막힌 사람이라는 뜻도 된다. 바로 맹물에 조약돌 삶은 듯한 무미건조한 인간이다. 아무리 눈이 좋은 사람이라도 0.1밀리미터보다 작으면 보지 못하지만, 아무리 눈이 나빠도 사람의 마음을 읽는(보는) 눈은 모두가 가지고 있다. 그러나 틀림없이 있는데도 속절없이 못 보고 사는 것이 얼마나 많은가. 제 눈앞에 있는 참도 행복도 못 보고 산다.

눈에 보이지 않는 것을 보고 싶어하는 어린아이 같은 호기심이 돋보기를 만들고, 현미경을 발명하고, 더 나아가 전자현미경까지 만들어 냈다. 사람의 머리는 끝없이 새로운 것들을 생각하고 만들어 내고 있다. 빛을 투과시켜 보는 광학현미경도 한계가 있어 약 2천 배까지만 확대해서 볼 수 있고, 전자 입자를 쏘아서 보는 전자현미경은 우리 눈보다 약 200만 배나 밝다. 대장균 같은 세균은 염색해서 광학현미경으로 관찰할 수 있지만 바이러스처럼 아주 작은 놈은 전자현미경이라야 관찰이 가능하다. 생물학과 의학의 발달에 현미경은 너무나 큰 공헌을 했다. 나는 강의시간에 "학생 여러분들, 고민이 많을 것이다. 그러나 그 고민 108가지는 누구나 가지고 있다. 고민을 현미경으로 보지 말고 눈에 보이지 않게 봉의산(춘천시의 중앙에 있는 산) 꼭대기에 얹어 버려라"라고 이야기한다. 우리 주위에는 고민을 자기의 것으로만 알고 고배율 현미경으로 확대해서 가슴에 새기고 있는 사람들이 참 많다.

모든 생물은 세포라는 작은 것이 모여서 이루어졌다는 것은 초등학교에서부터 배우기 시작한다. 그러나 대학생, 그것도 생물학과 학생들에게 사람 몸을 구성하고 있는 세포는 몇 개나 되느냐고 물으면 잘 모른다. 계산 방법에 따라 차이가 있기는 하지만 대략 100조 개쯤 될 것이다. 그리고 손바닥이나 간, 창자 등 기관과 부위에 따라 세포의 크기와 모양이 제각각 다르다. 하지만 대부분 구형에 가까우며 평균 크기는 0.02밀리미터(20마이크로미터)로 광학현미경으로도 잘 보인다. "세포는 우주다(Cell is cosmos)"라는 말이 있다. 세포는 아무리 작아도 복잡한 구조를 갖고 있고 여러 가지 일을 하며 역학반응과 화학반응 등 여러 반응이 그 안에서 일어나고 있다. 난자와 정자라는 세포가 모여 사람이라는 새 생명을 창조하지 않는가. 생명의 창조는 곧 그 속에 우주가 존재한다는 뜻이다.

이 새 생명의 탄생에는 난자 핵과 정자 핵의 하나됨이 있어야 한다. 아버지와 어머니의 유전물질이 섞이는 순간을 우리는 수정(受精)이라 하는

데, 그 유전물질은 핵, 그 중에서도 염색체에 들어 있다. 좀더 구체적으로 이야기하면 핵에 들어 있는 염색체 속에 DNA라는 유전물질이 있는데 이 핵산인 DNA의 일부분이 하나의 유전인자다. 사람이 가지고 있는 유전적 형질이 10만 가지가 넘으니 이론적으로는 DNA분자를 10만 토막을 내면 그 한 토막이 한 개의 유전인자인 셈이다. 하나의 유전인자는 한 가지의 고유한 형질을 발현시킨다. 꼭 귀신 씨나락 까먹는 소리 같은 이야기들이다.

DNA는 두 개의 가닥으로 되어 있는 긴 줄 같은 것이라고 생각해도 좋다. 전자현미경으로만 볼 수 있는 DNA를 눈에 보이지도 않는 세포 한 개에서 뽑아 내면 길이가 2미터도 넘는다. 이거야말로 장마 도깨비 여울 건너가는 소리다. 지름 0.02밀리미터의 사람 세포 속에 들어 있는 핵 속에 2미터 길이의 DNA가 들어 있다니 말이다. 사람 세포가 100조(10^{14}) 개이고 세포 하나에 2미터의 DNA가 들어 있으니, 한 사람이 가지고 있는 DNA를 모두 모아 연결하면 $10^{14} \times 2m = 10^{11} \times 2km$, 즉 2000억 킬로미터이다. 지구 둘레가 4만(4×10^{4}) 킬로미터이니 지구 둘레를 500만(5×10^{6}) 바퀴나 돌릴 수 있고, 지구에서 태양까지의 거리가 1억 5000만(1.5×10^{8}) 킬로미터이니 그 길이의 천 배가 넘는다는 계산이 나온다. 어찌 들으면 밑도 끝도 없는 황당한 소리로 들린다. 사람의 몸 속에 이런 수치가 숨어 있다는 것은 사람 속에 100조 개의 우주가 들어 있는 것이나 다름없으며 이것은 인간의 무한성을 의미한다.

그 작은 세포 속에 2미터의 길이가 들어 있다는 것도 귀신 하품하는 소리 같다. 세포는 작을수록 유리하다. 작을수록 산소나 양분의 이동(확산)이 쉽고 어느 정도 이상으로 커지면 물질 이동이 어려워지기 때문에, 세포는 계속 자라지 않고 분열한다. 사람도 작을수록 생존에 유리하다고 한다. 체구가 작으면 먹는 것이 적어도 되니 먹이 경쟁에서 유리하기 때문이라고 한다. 키 큰 사람보다 '작은 고추'가 더 적응하기 쉽다는 말이다.

다음은 현대 생물학에서 많이 연구하고 있는 유전공학에 대해 간단히 설명해 보자. 얼마 전까지만 해도 공상과학소설에나 나오던 이야기였지만 지금은 다른 어떤 분야보다 더 활발하게 연구되는 분야이며, 투자되는 돈과 인력 면에서도 최고인 제일의 첨단과학이다. 더구나 물리학, 화학까지 아우르는 종합과학으로 바야흐로 과학의 꽃으로 각광을 받기 시작했다. 신문이나 텔레비전을 통해 어느 대학, 어느 연구소에서 어떤 새로운 물질을 개발했다는 이야기를 심심찮게 보는데, 거의가 유전공학에 관한 것들이다.

유전공학이 이용되는 대표적인 예를 들어 보자. 당뇨병 치료에 많이 쓰이는 인슐린(insulin)은 이제까지는 다른 동물의 이자에서 뽑아 쓰거나 합성하는 방법을 써 왔다. 그런데 이 인슐린을 좀더 쉽게 다량으로 생산하는 방법을 유전공학이 찾아 냈다. 대장균의 DNA 일부를 잘라 내고 그 자리에 인슐린을 만드는 동물의 유전인자(DNA 조각)를 집어넣어 대장균을 배양하면 많은 양의 인슐린을 얻을 수 있다(말은 쉽지만 그 과정은 매우 복잡하고 어려워 일반인들로서는 이해하기가 쉽지 않다). 원래의 대장균은 인슐린을 만드는 유전인자가 없었으나 다른 동물의, 인슐린을 만드는 유전인자를 이식받았기 때문에 이 대장균은 그때부터 인슐린을 만들게 된다. 이런 기법을 응용하여 백신, 항생물질 등의 의약품, 화학약품을 쉽게 다량으로 제조할 수 있게 되었다.

또 다른 유전공학 이용은 세포융합 기법이다. 성질이 다른 두 세포를 섞어 일종의 잡종을 만드는 방법이다. 예를 들어 감자 세포와 토마토 세포를 융합시켜 땅 속 뿌리에는 감자가, 가지에는 토마토가 열리는 잡종 식물을 만들어 내는 것이다. 옛날에는 단백질이 많고 병에도 강한 새 품종의 옥수수를 얻으려면 최소한 일 년의 시간이 걸렸지만 지금은 이 세포 융합법을 써서 실험실 안에서는 당장이라도 가능하게 되었다. 이러한 새로운 육종법 외에도 이제는 동물세포와 식물세포를 융합시키는 단계까지 와 있다.

이렇게 좋은 쪽으로 잘만 이용하면 무한한 가치가 있는 기술이지만 나쁜 쪽으로 이용될 가능성도 얼마든지 있으니 엄격한 규제가 필요하다. 한 종의 DNA와 다른 종의 DNA를 재조합하는 것은 일종의 돌연변이를 일으키는 작업인데 그 결과 새로운 종이 만들어지기 때문에 생태계에 커다란 충격을 줄 수도 있다. 만일 장티푸스와 콜레라를 합성한 새로운 병원성 세균을 만들어 낸다면 가공할 살생무기가 될 것이다. 왜냐하면 이제까지의 약이 전혀 효과가 없을 것이기 때문이다.

그러나 첨단과학인 이 유전공학이 떡 주무르듯 쉽게 되는 것은 아니다. 미국에서도 젊은 학생들을 매료시키는 가장 인기 있는 과목이 석유탐사와 관계가 있는 지질학과 생물학인 이유가 여기에 있다.

달팽이는 집투기를 않는다

하찮은 일을 두고 벌이는 도토리들의 키 재기나 집안 싸움을 빗대어 '와우각상쟁(蝸牛角上爭)'이라는 말을 쓴다. 달팽이[蝸牛]는 뿔[角]을 네 개 가지고 있는데 이 뿔이란 더듬이를 일컫는 말이다. 두 개의 큰더듬이 끝에 붙어 있는 동그란 '달팽이 눈'은 물체를 판독하는 일을 하고, 아래의 작은더듬이 두 개는 맛을 보고 냄새를 맡는 일을 한다. 달팽이가 기어갈 때는 이 네 개의 더듬이가 요량 없이 서로 얽히듯 움직이는데 이 모습이 옛 사람들 눈에는 서로 다투는 듯 보였던 모양이다. 움직이지 않는 듯 천천히 기어가는 달팽이의 눈을 탁 치면 움찔하며 얼른 눈대 속으로 집어넣었다가 천천히 풀고 똥그란 눈을 다시 내놓고 쳐다본다. 그래서 핀잔을 받아 겸연쩍은 상황이 벌어지면 "달팽이 눈이 되었다"고 한다.

동양이나 서양이나 똑같이 달팽이는 집을 가지고 있고

행동이 느린 것을 그 특징으로 보고 있다. 재빠른 동물은 적을 피해 도망가서 바위 밑이나 나무 뒤에 숨을 수 있지만, 달팽이는 느려서 적의 공격에 도망은 못 가고 딱딱한 탄산칼슘 껍데기(집) 속으로 몸을 숨긴다. 생명의 보상 현상이다. 하느님은 전부를 주지는 않는다고 한다. 한쪽에는 예리한 눈과 빠른 다리를 주었고 다른 쪽에는 딱딱한 껍데기를 주지 않았는가. 사람도 그렇다. 권력, 재산, 명예의 삼부(三富) 모두를 좇다가 눈이 빠지고 다리가 부러지고 '껍데기'가 깨지게 되니, 이 셋을 불교에서는 삼악(三惡)이라 불렀다. "자연으로 돌아가라"는 루소의 말 속에는 자연 속의 생물들이 어떤 지혜를 가지고 어떻게 사는가를 보고 그들을 삶의 거울로 삼으라는 뜻이 담겨 있다.

　달팽이란 말은 그 모양이 달처럼 둥그스름하고 팽이의 무늬처럼 동그랗게 감겨 있어서 만들어진 말 같다. 사람은 뱀이나 지렁이, 쥐의 꼬리처럼 길고 꿈틀거리는 것은 싫어하지만, 둥근 달팽이나 공처럼 몸을 웅크리는 고슴도치는 귀여워한다.

　달팽이

　달팽이 하나
　애인은 버릴망정
　집만은 버리지 않는다.

　여행 갈 때나
　나들이 갈 때

집을 등에 지고 간다.

셋방살이보단
좋든 나쁘든
내 집이 제일이다.

땀 뻘뻘 흘리며
집을 등에 지고
가파른 절벽길도 오른다.

달팽이는
이 고통을
행복으로 삼는다.

위의 글은 시인 박덕중 선생의 달팽이 찬가다. 달팽이는 느리다. 그래서 영어에는 느리다는 뜻으로 "워크 라이크 어 스네일(walk like a snail)"이라는 표현이 있는데, 직역을 하면 '달팽이처럼 걷다' 라는 뜻이다. 느리다는 것은 대기만성(大器晩成)의 의미와 빠짐없이 차근차근하여 허점이 없다는 뜻이 들어 있다. 또 느리다는 것은 여유가 내포되어 있어 좋다. 쥐처럼 빠르고 성질 급한 한국사람들은 달팽이의 느림을 배워야 할 것이다. 만물은 사람의 스승이 될 수 있다. 그래서 필자의 모든 글 속에는 이 '자연의 스승'을 찾자는 뜻이 들어 있다.

달팽이는 집이 있어 잔꾀를 부리는 일이 없고 땅투기도 하지 않는다.

달팽이 어미는 큰 유산은 없어도 새끼에게 어쭙잖은 작은 집 한 채는 주어 내보낸다. 새끼는 얇고 투명한 작은 집이지만 제 집이라 알뜰하게 칠하고 다듬고 해서 몸이 크면서 조금씩 불려나간다. 작은 집이라도 제 집에서 살아가는 저 달팽이가 부럽다. 하긴 "맨몸으로 태어나 옷 한 벌 얻었으면 됐지 뭘 또……" 하고 지족하는 스님도 있는데, 우리도 적자지심(赤子之心, 갓난아이같이 거짓이 없는 마음)으로 살아가야겠다. 집 없는 서러움을 겪어 보지 못한 사람은 집의 의미를 모른다. 젊음의 고통이 없었던 사람은 늙음의 푸근함을 모르듯이.

달팽이는 덥고 건조한 날이나 한낮에는 나뭇잎이나 돌 밑의 서늘한 곳에 숨어 있다가 저녁이나 비가 올 때면 기어나와 먹이를 찾고 짝짓기도 한다. 그런데 비가 오면 달팽이만 기어나오는 것이 아니라 정신이상자들도 슬슬 집을 나선다. 그들도 달팽이처럼 밝은 태양이 싫고 축축한 물기가 좋은 모양이다.

필자가 대학원에 적을 두고 있을 때의 일이다. 몇 달 동안 돈암동 어느 병원집 아들의 가정교사 노릇을 한 적이 있는데 가정교사라기보다는 같이 놀아 주는 것이 주된 일이었다. 그는 일류 고등학교에 응시했다가 낙방한 충격으로 제정신이 아니었다. 자신이 낙방한 학교의 허리띠를 매고, 손에는 가끔 붕대를 감았고, 담배는 나보다 골초였다. 매일 함께 탁구 치고, 담배 피우고, 신소리나 하는 것이 나의 가정교사 노릇의 전부였다. 그가 손에 붕대를 감고 있는 날은 그 집 유리창이 박살난 날이었다. 그런데 이 아이는 나만 있으면 무엇이 그리 좋은지 미소를 짓고 이야기도 곧잘 하지만, 혼자 있을 때면 이불을 펴고 멍하니 드러누워 바지는 풀어헤치고 두 다리를 높게 꼬고 담배나 피우는 것이 일이었다.

그 아이를 맡고 얼마 후의 일이었다. 하루는 실험실에서 담배를 피우는데 한 후배가 놀란 표정으로 "형, 담배를 왜 그렇게 피워요?" 하는 게 아닌가. 내가 어떻게 피우길래 그러느냐고 했더니 담배를 ㄷ자로 피운단다. 처음에는 나도 어이가 없었다. 그 학생이 담배를 피울 때면 담배를 곧바로 물지 않고 담배 잡은 손을 천천히 앞으로 쭉 뻗었다가 위로 올려 입으로 가져가는 ㄷ자 모양으로 멋을 부리곤 했기 때문이다. "미친놈을 가르치려면 같이 미쳐야 한다"더니 나도 3개월 만에 그렇게 되고 만 것이다. 잘 지도해 보려는 나의 노력이 나도 모르는 사이에 그렇게 나타났나 보다. 물론 미워하면서 배운다는 말도 있지만.

　달팽이는 사랑도 멋있게 한다. 암수한몸이지만 반드시 다른 개체와 짝짓기하여 정자를 교환한다. 동물마다 구애의 방법이 다 달라서, 닭처럼 날개를 펴고 다리에 비비며 암놈 주위를 빙빙 돌면서 관심을 표시하는 놈도 있고, 암놈 몸을 핥아 주는 놈, 고개를 아래위로 흔들며 사랑을 호소하는 놈도 있다. 달팽이는 서로가 수놈이 되어 큐피드의 화살을 상대방의 몸에다 꽂는 정열적인 사랑을 나눈다. 두 마리가 몸을 감고 사랑을 나누다가 절정의 순간이 가까워 오면 화살 모양의 하얀 탄산칼슘 덩어리인 사랑의 침을 상대방의 몸(살)에 꽂아 흥분을 고조시키고 짝짓기를 한다. 이 화살을 사랑의 화살이라는 뜻으로 '연시(戀矢)'라 부른다. 짝짓기가 끝나고 나면 바닥에는 사랑의 창들이 여기저기 흩어져 뒹군다. 이렇게 달팽이는 다른 동물에게서는 볼 수 없는 특별한 사랑을 한다.

　그리고 달팽이는 알을 낳는다. 20~30개의 하얀 알을 땅 속에 낳는데 알의 지름은 약 3밀리미터로 달걀 껍데기 같은 하얀 껍데기로 싸여 있다. 산란 후 한 달쯤 되면 부화되어 작은 새끼가 나오는데 이때 오이, 토마토,

배춧잎 같은 것을 주면 잘 자란다.

달팽이를 기르는 것은 어려운 일이 아니다. 먼저 아크릴로 집을 짓고 사방에 작은 구멍을 뚫어 공기가 잘 통하게 해 준다. 바닥에는 모래흙을 3센티미터 정도 깔아 주고, 필요하면 나무토막이나 돌, 가랑잎을 넣어 준다. 그 속에 달팽이를 몇 마리 넣어 놓고, 흙이 마르면 물을 뿌려 주고 가끔 먹던 찌꺼기와 똥을 치워 준다. 이렇게 하면 성장과 짝짓기, 산란, 출산까지 쉽게 관찰할 수 있다. 일본 어린이들은 달팽이 새끼가 부화되는 날 그 앞에 케이크를 놓아 주고 손뼉을 치며 새 생명의 탄생을 축하한다는 기사를 읽은 적이 있다. 얼마나 아름다운 동심의 세계인가. 생명에 대한 경건함, 자연의 신비를 느낄 수 있는 좋은 탐구학습이다. 영국 시인들은 곱디고운 달팽이 새끼가 이슬을 머금은 풀잎에 앉아 있는 모습을 사랑했다. 그들은 풀의 정(靜)과 느릿한 달팽이의 동(動)의 조화를 노래하곤 했다. 꼭 달팽이가 아니더라도 아이들에게 생명을 기르는 기쁨과 그 의미를 가르쳐 주도록 하자. 그들은 사육본능을 발휘하고 싶은 깊고 강한 충동을 갖고 있다. 풀 한 포기라도 직접 키워 보도록 해 주자. 달팽이처럼 더디더라도 좋으니 크게 키워야 한다.

오늘도 달팽이는 비를 기다리고 있다. 그것이 달팽이의 유일한 소망이다.

술 좋아하는 모기

무더운 여름밤, 잠이 들 듯 말 듯 엎치락뒤치락할 때 들려오는 '앵~' 하는 모기 소리는 6·25 때 들었던 L-19 정찰기 소리 같다. 귓가에서 들리는 앵~ 소리에 두 손을 휘저어 때려 보지만 제 볼때기만 찰싹, 폭격은 재개된다. 어느 새 저 아래 발등은 또 다른 모기의 독화살에 가려워 온다. 침을 바르고 다른 발로 가려운 곳을 문지르고 하는 사이에 '한여름 밤의 꿈'은 사라지고 만다. 꿈꾸는 달팽이도 잠을 자야 '꿈'을 이룰 수 있을 텐데.

그렇게 극성스러웠던 이, 빈대, 벼룩은 연탄가스라는 화학탄에 전멸 직전이나, 모기 놈들은 예나 지금이나 여전히 우리를 괴롭힌다. "벼룩도 낯짝이 있고, 빈대도 콧등이 있다"라는 속담을 곰곰이 따져 보면 옛 어른들은 생물을 관찰하는 눈이 뛰어났다는 것을 알 수 있다. 벼룩은 양쪽 뺨 부분이 안으로(옆으로) 눌려 주둥이 부분이 길쭉

하게 나왔고, 재빠르게 튀어 다녀 잡기가 매우 어렵다. 제 몸 크기의 30배가 넘는 점프력을 가지고 있으니 높이뛰기 선수들은 벼룩의 몸의 형태, 식성, 생태를 연구해 보면 어떨까 싶다. 그런데 빈대는 벼룩과는 반대로 얼굴이 아래위로 눌려진 모양이라 매우 납작해서 나올 콧등이 없다. 이라는 놈은 그래도 벌레 모양을 제대로 갖추고 있으며 보호색도 있어서, 머리에 사는 머릿니는 몸색깔이 검고, 몸에 붙어 사는 몸니도 내복의 빛깔에 따라 색이 조금씩 달라진다. "서캐 훑듯 한다"는 말처럼 이는 내복의 솔기 부분에 하얀 알(서캐)을 낳아 붙이는데, 손톱으로 눌러 압사시킬 때 터지며 나는 소리가 딱딱딱 '총알 볶는' 소리 같다. 6·25 때 중공군은 쉬는 시간이면 양지 쪽에 앉아 이를 잡아먹었다고 한다(전쟁도 알고 보면 쉬어 가면서 한다). 우리는 쇠죽솥에 옷을 쪄서 이를 죽이고 말려 입기도 했다.

피를 빠는 모기는 대부분 암놈이고 수놈은 주로 풀의 즙을 먹고 산다. 암놈이 알을 만드는 데는 많은 영양분이 필요해서 사람은 물론이고 야생 동물이나 소, 돼지, 닭의 피를 빨아먹는다. 모기는 세계적으로 수천 종이 있지만 학질(말라리아)을 옮기는 학질모기[Anopheles], 뇌염을 매개하는 뇌염모기[Culex], 숲에서 식물의 즙을 먹고 사는 숲모기[Aedes]로 크게 나뉜다. 모기의 '앵~' 하는 소리는 날개의 빠른 흔들림(진동) 소리라는 것을 나중에야 알았지만, "모기도 모이면 천둥소리 낸다"고 모기 소리만한 소리도 듣기에 따라 제트기 소리로도 들린다.

모기나 다른 곤충이 문 자리는 매우 가렵다. 우리 몸은 상처를 입으면 상처 부위에서 히스타민(histamime)이라는 물질이 분비되는데 그 부분의 모세혈관을 확장시켜서 피가 많이 지나가도록 해 준다. 그래서 물린 자리가 빨갛게 부어오르는 것이다. 피가 많이 지나가니 백혈구와 항체도 많이 모여들어 상처가 빨리 아물게 된다. 이런 일을 하는 히스타민 때문에 상처 부위가 가려운 것이니 심하지 않으면 침이나 발라 두는 것이 좋고, 히스타민을 무력하게 하는 항히스타민 성분이 들어 있는 연고나 파스 같은 약은 가능하면 쓰지 않는 것이 좋다.

또 우리는 모기가 피를 '빤다'고 말하는데 사실은 그렇지 않다. 모기는 우리 몸의 피부 중에서 얇은 곳을 찾아 침을 슬슬 발라 둔다. 그 침 속에는 세포막의 지방을 녹이는 물질이 들어 있어서 세포막(살갗)이 녹게 되는데 이때 대롱 같은 주둥이 끝을 대고 살짝만 누르면 모세혈관까지 쑥 들어간다. 모세혈관의 혈압이 높기 때문에 피가 저절로 모기의 몸 속으로 밀고 들어오는 것이지 모기가 애써 빠는 게 아니다.

우리는 해가 지면 마당에 모깃불을 피워 온 집안이 연기에 싸이도록 해서 모기의 공격을 피하는 지혜를 갖고 있었다. 모깃불은 밀짚, 마른 풀, 마른 솔잎, 삼을 삼고 난 뒤의 허드레 등을 태우는 연기로, 그 불씨에 감자도 익혀 먹었고, 재는 다음 날 아침 횟간(또는 헛간)에 모아 두었다가 비료로 썼다.

모기가 사람의 피냄새를 맡고 온다고 하지만 사실은 그렇지 않다. 모기는 사람이 숨을 쉴 때 나오는 이산화탄소, 습기, 체취, 요소, 땀 등의 냄새를 맡고 온다. 그런데 사방에서 모깃불 연기(이산화탄소)가 날리니 모기는 어느 쪽으로 가야 할지 우왕좌왕하게 된다. 모깃불은 적을 교란시키는 고도의 전술이었던 셈이다. 적을 죽이지 않고 승리하는 것이 참으로 이기는 것이라는 손자병법 그대로다.

방문을 열어 놓고 공부를 하면 모기는 문의 윗부분으로 들어온다. 방으로 들어온 찬바람이 대류의 원리에 의해 사람의 몸냄새, 이산화탄소 등을 담아 문의 위쪽으로 나가기 때문에 그 안에 포함된 냄새를 맡고 들어오는 것이다. 이러한 성질을 양성 주화성(走化性)이라고 한다. 그렇다면 방 안에 모기향을 피울 때 어디에 놓아 둬야 우리 몸에도 해롭지 않고 모기는 모기대로 못 들어오게 할 수 있겠는가.

제충국(除蟲菊)으로 만든 향이 모기의 세포를 죽인다면 같은 동물세포인 사람의 세포에도 당연히 해롭다. 그래서 모기향은 책상의 책꽂이 위 같은 데 올려 놓아야 한다. 향 연기가 대류에 의해 문 위로 유유히 나갈 테니 그쪽으로 들어오려던 모기는 직격탄을 맞아 풍비박산하는 것이다. 기초적인 과학 지식을 이렇게 일상 속으로 끌어들이는 과학의 생활화는 여러 모로 필요할 때가 많다.

어느 해 여름, 강원도 시골에서 민박을 한 적이 있다. 여름밤이라 덥지 않은 곳이 없었고 모기가 없는 곳도 없었다. 그 집 아주머니는 늘 하던 대로 아이들 셋이 자는 방에 소화기만한 파리약 통을 들고 들어가더니 잠자고 있는 아이들 몸에(머리에서 발끝까지) 대중없이 쉿쉿 몇 번씩이나 뿌리고는 방문을 쾅 닫고 나오는 것이었다. 그놈들이 내 자식은 아니지만 우리의 새끼들이 아닌가. 안쓰런 생각이 들었지만 그 아이들은 그렇게 질경이같이 질기게 살아간다.

모기, 파리가 한 방에 직사하는 그것의 이름이 무슨무슨 약이라니 새빨간 거짓말이다. 그것이 모기, 파리의 보약이라도 된단 말인가. '파리독', '모기독'이라 불러야 옳을 일이다. 다음 날 아침 아이들 셋이 눈 비비고 일어나 여느 때처럼 뛰노는 것을 보며, 사람은 꽤나 모질고 독하고 그래서 아예 지구를 제 것처럼 생각하고 사는구나 하는 생각을 했다. 지구는 모기의 것이기도 한데 말이다.

내가 어렸을 때는 학질 때문에 많은 사람들이 애를 먹었는데, 시골에는 아직도 남아 있다는 이야기를 들었다. "학질 떼었다"는 말이 있을 만큼 한 번 걸리면 치료가 어려웠다. '키니네(kinine)'라는 매우 쓴 약이 특효약인데 이것은 나무의 껍질에서 뽑은 것으로 '금계랍(金鷄蠟)'이라고 불렀던 기억이 난다.

학질은 원생동물의 포자충류가 적혈구나 간세포를 파괴하는 무서운 병으로, 심한 추위를 느껴 온몸을 '사시나무' 떨듯 하는 증상을 보인다. 아둔한 우리는 학질의 액을 떼기 위해서는 놀라게 해야 한다고 믿어(이것은 정말 미신이다) 동리의 으슥한 길로 데리고 가다가 찬물을 둘러씌우거나 낮은 언덕에서 밀어 넘어뜨리기도 했다. 기록에 의하면 이렇게 치료(?)하다가 낭떠러지에서 떨어져 죽은 이도 있다고 한다. 우리가 어려운 일을 무사히 끝내고 나면 학질 뗀 것 같다고 하는 것은 이 병이 한번 걸리면 쉽게 낫지 않아 혼쭐이 나기 때문이다.

모기에 대해 연구하거나 '뇌염모기 경보'를 내려야 하는 국립보건원 연구원들은 모기와 일생을 같이하는 사람들이다. 그렇다면 내가 달팽이나 조개가 자식처럼 예쁘고 귀엽듯이 그들도 모기에 대해 애착을 느낄 것이다. 그들은 모기를 채집해야 하는 운명을 타고 태어났으니 말이다.

대학 때 어느 은사님이 미생물학 강의시간에 들려 주신 말씀이 아직도 기억난다. 모기를 잡으려면 술을 마시고 웃통을 벗고 서 있으면 된단다. 술을 마시면 숨을 내쉴 때 나오는 이산화탄소와 알코올 냄새가 많아지고, 몸에서는 열 때문에 땀이 나서 모기들이 멀리서도 이 냄새를 맡고 몰려온다는 이야기다. 옳으신 말씀이다.

우리 생물학과는 봄, 가을에 전 학년이 채집을 나간다. 산으로 강으로 바다로 나가 채집도 하고, 자연과 함께하는 법도 익히며, 선후배나 사제 간의 정도 돈독케 하는 다목적 채집 활동이다. 힘든 채집이 끝난 저녁이 면 오락과 술로 피곤을 푸는데, 다들 녹초가 되어 아무 데나 그냥 쓰러지 기가 예사다. 술에 취한 밤에도 지구는 돌고 아침은 온다. 나와는 아삼륙 이라 같은 방을 쓰는 조동현 교수는 나보다 일찍 일어나 새벽 모기 채집 에 열을 올리곤 한다. 모기의 피, 아니 우리의 피로 벽에는 붉은 벽화가 한 점 그려진 듯하다. 술 취한 이의 피를 먹은 모기가 저도 술에 취해 제 갈 길을 잃은 아침.

무·궁·화·꽃·하나, 무·궁·화·꽃· 둘······

핫도그는 개고기가 아니냐

신토불이(身土不二)

꾀만 있어서 되나

술타령

호랑이도 담배를······

쌀 한 톨에 공덕이

채집기

홀알도 새끼를 친다

미친놈 많은 세상이 살맛 난다

오늘도 대왕(大王)은 몇 명이나 태어날까

과학이란?

3

무·궁·화·꽃·하나, 무·궁·화·꽃·둘……

미국에서 연구생활을 할 때의 일이다.

다슬기 염색체의 현미경 사진을 찍을 때인데, 미국인 교수가 자기 현미경이라고 사진 찍는 일을 도와 주고 있었다. 사진기를 B셔터에 조절해 놓고 시계를 들여다보면서 촉각을 곤두세우고 릴리스(release)를 누르려고 하는데, 이 사람이 자기가 릴리스를 누르더니 시계도 보지 않고 "헌드레드 원(hundred one), 헌드레드 투, 헌드레드 스리……" 하고 있지 않은가. 나는 깜짝 놀라 뭘 하고 있느냐고 버럭 고함을 질렀다. 알고 보니 그는 시계를 보지 않고도 일 초, 이 초, 삼 초를 정확하게 헤아리고 있었던 것이다.

일 초, 이 초, 삼 초로 시간을 헤아리다 보면 가면서 빨라지거나 느려지기 일쑤이니, '헌드레드' 또는 '사우전드(thousand)'를 앞에 넣어 하나, 둘, 셋을 헤아리면 정확하게 헤아릴 수가 있다는 것이다. 그래서 나는 '헌드레드'

대신 우리 꽃인 '무·궁·화·꽃'을 넣어 세도록 학생들을 지도하고 있다. 무·궁·화·꽃·하나(1초), 무·궁·화·꽃·둘(2초), 무·궁·화·꽃·셋(3초)…… 조금만 연습하면 제법 정확하게 헤아릴 수 있다.

그런데 우리가 생활하다 보면 몇 초 정도는 시계를 보지 않고 헤아려야 할 때가 있다. 횡단보도를 건널 때도 그렇다. 녹색불이 켜지면 사람들은 옆도 보지 않고 쏜살같이, 아니 로켓처럼 내닫는다. 이래서 사고가 많이 난다. 나는 횡단보도 앞에서 신호를 기다릴 때도 달려오던 차가 여차하여 보도로 뛰어올라도 괜찮도록 가로수나 전신주를 방패로 삼고 서서 기다리는 버릇이 있다. 그리고 건널 때도 녹색불이 들어오는 순간부터 무·궁·화·꽃·하나, 무·궁·화·꽃·둘, 무·궁·화·꽃·셋을 헤아린 다음 출발하고, 왼쪽의 차들을 뚫어지게 쳐다보며 건너다가, 중앙선을 지나면 얼른 고개를 오른쪽으로 돌려 차들을 감시하면서 걷는다. 운전사들을 믿을 수 없기에 내 생명은 아무쪼록 내가 단도리해야 한다. 브레이크가 고장난 차, 졸고 있는 운전사, 햇병아리 운전사, 심하면 정신착란증 운전사도 있다. 자기도 믿지 못한다는 세상에서 누굴 믿고 그렇게 태평스럽게 앞만 보고 걸어가는지. 그것은 하나의 오기에 지나지 않는다.

무·궁·화·꽃·하나, 무·궁·화·꽃·둘, 무·궁·화·꽃·셋은 삶의 여유이면서 동시에 생명의 안전장치다. 필자는 지금도 학생들에게 교단 위를 왔다갔다하면서 길 건너는 법을 유치원생 가르치듯 가르친다. 한국을 여행한 한 미국인이 한국에 가서 제일 조심해야 할 일로 꼽은 것이 바로 횡단보도를 건너는 일이었다고 한다. 횡단보도의 양쪽 선이 생명선이라는 것을 잊지 말자.

이제 자동차의 앞쪽을 보자. 가히 괴물의 모습이 아닌가. 콧구멍은 왜 그렇게 크고, 부릅뜬 큰 눈, 작은 눈, 옆 눈 등 도대체 눈은 몇 개며 귀는 왜 그렇게 길게 치솟아 있는지. 뒤를 보는 눈까지 있다니 이게 괴물이 아니고 무엇인가. 다리도 4개 가진 놈, 6개, 8개, 12개나 가진 놈도 있다. 위암, 간암, 자궁암 등 병으로 죽는 것은 생로병사(生老病死)의 자연법칙에 따라서 왔다가 가는 것이니 사망률 운운하는 것이 별 의미가 없다. 길바닥에서 피를 흘리며 죽어야 하는 이 자동차 사고야말로 사망의 첫째 가는 원인인 것이다.

자동차를 멋으로 몰고 다니는 사람들도 있다고 하는데 오래 살고 싶거든 차에서 내려와라. 남까지 죽이기 전에. 그리고 교통사고를 줄이는 일은 최고 통치권자가 나서서 해야 할 일이다. 오늘도 나라 안에 큰 전쟁이 터졌는데도 팔짱 끼고 구경만 하고 있으니 한심한 생각이 든다. 이 세상이 이승인지 저승인지 연옥인지 모를 정도로 피를 흘리고, 다리가 부러지고, 박이 터지고, 눈알이 빠지고 있다.

무·궁·화·꽃·하나, 둘, 셋이 필요할 때가 또 있다. 교양과목 강의실 근방은 학생들이 몰려다녀서 분주하고 떠들썩하며, 화장실 문고리마저 고장날 때가 많다. 하루는 변을 보고 있는데 '똑똑똑' 급하게 두드리더니(1초도 지나지 않았다) 문을 확 여는 게 아닌가. 그 학생은 너무 급했고, 문고리는 고장이 났고, 나는 반응할 시간이 없었다. "어, 미안합니다"에 대한 나의 답은 "이 사람이!"였다. 아무리 급해도 두드리는 의미를 생각하고(안에 있나 없나를 확인하는 것) '무·궁·화·꽃'을 셋만 헤아렸더라면, '아뿔사!' 하는 사고는 없었을 것이다. 이처럼 우리는 타성에 젖어 살 때가 너무 많다. 노크의 의미가 내가 들어간다는 뜻인지, 들어가도 좋으냐를 확인하는 것인지, 한 번이라도 생각해 본 적이 있는가. 이런 비슷한 예를 그 비좁은 화장실 안에서 하나 더 찾아볼 수 있다. 사용한 휴지를 왜 그렇게 볼썽사납게 차곡차곡 모아 둔단 말인가. 결코 곱지 않은 모습이다.

휴지 하니까 생각나는 재미있는 일화가 하나 있다. 필자가 대학생 때 일반영어 시간이었다. 교수님이 영문을 해석하다가 '티슈 페이퍼(tissue paper)'의 뜻이 이상하다고 하시면서 어물쩍 넘어가신 일이 있었다. 그럴 수밖에 없는 일이었다. 백 번 들어도 한 번 보는 것만 못하다고 했는데, 보기는커녕 들어 보지도 못한 것이니 해석이 제대로 될 리가 없다. 다음 시간에 한 학생이 "휴지라는 게 있다고 합니다" 했던 기억이 난다. 1960년 대학교 2학년 때의 일이라 격세지감을 느낀다. 그때만 해도 시골에 가면 물가에서는 돌, 밭가에서는 콩잎, 집에서는 짚이 지금의 휴지요, 도시로 나와야 겨우 신문지였다. 그러니 교수님도 휴지가 뭔지 모르셨을 때다. 요즘 학생들이 휴지를 붕대처럼 감아 들고 화장실로 들어가는 것을 볼 때마다 그때 그 일이 생각난다.

주제에서 좀 벗어나는 듯하지만 얘기가 나온 김에 우리가 쓰는 화장실의 이름을 한번 살펴보자. 옛날에는 변을 보고 나면 재로 덮어 두는지라 '회치장(灰治粧, 지금도 산골에 있다)', 본채 옆이나 뒤란에 있어서 '뒷간' 또는 '측간(厠間)', 깨끗하다는 뜻에서 '정방(淨房)' 등으로 불렸고, 경상 도에서는 '통시'라는 말도 썼다. 절에 가면 근심을 잊고 해결하는 곳이라는 뜻에서 '해우소(解憂所)' 또는 '망우통(忘憂桶)'이라고 한다. 변을 보는 '변소', 손도 씻을 수 있는 '화장실' 같은 말에서 생활 환경의 변화도 실감할 수 있다.

무·궁·화·꽃·하나, 둘, 셋은 사진을 찍을 때도 길을 건널 때도 화장실에 갈 때도 필요하지만, 우리의 생활에 응용하면 더 많은 도움이 될 것이다. 우리의 삶은 참음의 연속이라고 할 수 있다. 참음은 어떻게 하는 것인가. 아무리 분하고 화가 나는 일이 있어도 크게 심호흡을 하면서 무·궁·화·꽃·하나, 둘, 셋…… 열까지만 헤아려 보자. 그것은 결국 십 초가 아닌가. 십 초만 참자. 참을 인(忍)자 하나가 세상의 어려운 일을 해결하는 방도이니 무엇에나 참으라[忍之一字 衆妙之門].

핫도그는 개고기가 아니냐

덥지 않은 여름은 여름이 아니다. 그래서 장마가 있다. 후텁지근하지만 그 장마가 없으면 떠죽는다는 것도 모르고 '이놈의 장마'란다. 덥지 않으면 논의 벼는 자라지 못하고 밭의 고추는 붉은 물이 들지 못한다. 그들은 하기(夏氣)를 먹고 자라기 때문이다. 또 여름의 더위가 없으면 가을의 결실도 없다. 젊어 하는 고생 같은 것이 여름 더위다.

여름의 장마는 습기가 많고 따뜻한 공기를 가진 북태평양 고기압과 차고 습윤한 대륙성 기단이 만나서 많은 비가 오는 것이다. 찬 것과 따뜻한 것이 만날 때는 언제나 그런가 보다. 한류와 난류가 만나는 곳에 물고기가 많고, 양전기와 음전기가 만날 때 스파크가 일듯이. 고기압일 때는 비가 오지 않는다고 하는데, 기압이 높으면 물방울이 모이지 못하고 더 작은 입자로 나눠지기 때문이다. 저기압일 때는 신경통이 먼저 기상예보를 한다. 우리의 몸도 일정한 압력을 가지고 대기압과 균형을 이루고 있는데, 몸 밖의 압력이 낮아지면 몸의 조직들이 팽창하여 밖으로 부풀게 되고 이때 신경들이 압박을 받기 때문에 통증이 오는 것이다.

어쨌든 한여름은 덥고 짜증이 나며, 노인이나 어린아이들은 더위와 싸워야 살아남는다. 그래서 '더위는 병'이라고 하였다. 더위와 싸우는 데는 뭐니뭐니해도 단백질이 제일 강한 무기로 보신탕이 제격이다. 한때는 외지로 밀려나는 수모까지 겪었던 이 음식은 이북에서는 맛있다고 '단고기'라고 하고 보신탕, 영양탕, 사철탕, 무슨무슨 탕으로 그 이름도 많다.

그런데 보신탕 이야기만 꺼내도 벌써 얼굴을 찡그리고 몸을 돌리는 학생도 있다. 우리 젊은이들은 거의 모두가 '바나나'가 되었다. 겉은 노랗지만(황색 인종) 속은 흰(백인) 바나나 말이다. 강의시간에 "여러분, 서양 사람들은 개고기를 안 먹나요?" 하고 물으면 당연히 먹지 않는다고 답한다. 그래서 나의 은사님의 경험담을 들려 준다.

은사님이 미국에 가셨을 때, 그곳 교수들이 무슨 얘기 끝에 우리 나라 사람들이 개고기를 먹는다고 흉을 보기에 선생님이 번뜩이는 기지로 위기(?)를 모면하신 얘기다. 미국 교수에게 너희들은 개고기를 먹지 않느냐고 물었더니 "No, No!" 하기에 "핫도그(hotdog)는 개가 아니냐, 너희들은 개를 꼬챙이에 끼워 먹고 있다"며 웃고 끝났는데, 바로 그 미국 교수가 한국에 교환교수로 오게 된 데서 이야기는 계속된다. 선생님은 이 코쟁이 교수를 골탕 먹여 주려고 가끔 보신탕 집에 데려가서 '한국 곰탕'이라고 속여 먹였다는 것이다. 그런데 하루는 또 그 곰탕을 먹으러 가자고 해서 "사실 그것은 곰탕이 아니고 보신탕이다"라고 일러 줬다는 것이다. 그랬더니 그 교수는 의외로 선선히 "아무 상관 없어요(No problem)" 했고 나중에는 '꾼'이 되어 돌아갔다는 얘기다. 그 교수의 대뇌에 보신탕의 맛과 냄새에 관한 조건반사 중추가 만들어진 것이다. 어쩌면 이후에도 개고기가 먹고 싶어 한국에 자주 왔을지도 모를 일이다.

사실 여름이 되면 사람만 힘든 것이 아니다. 식물도 한여름의 대낮에는 광합성을 하지 않는다. 너무 더워서 식물도 낮잠을 자기 때문에 더운 여름에는 식물의 생장도 멈춘다. 여름에 나무들이 크지 못하는 것은 낮에 만든 양분이 더운 밤에 거의 다 호흡에 쓰이기 때문이다. 반면에 봄·가을은 낮에는 따뜻하나 밤이면 서늘해서 낮에 만든 양분을 저장할 수 있으므로 식물은 봄과 가을에 두 번 생장한다. 강원도 대관령의 감자는 시쳇말로 '어린아이 머리통' 만하다. 그것은 낮에는 덥고 밤에는 서늘한 기후 탓이다. 낮에 만들어진 녹말이 호흡에 소비되지 않고 고스란히 저장되기 때문이다. 봄·가을에 어린아이들의 성장이 빠른 것도 같은 이치다.

사람은 더위를 피해 바다로 내닫는다. 생명의 모체인 바다를 동경하지 않는 이가 없는 것도 지구의 모든 생명이 이 바다에서 시작됐기 때문인지도 모른다. 광활한 바다는 우리의 마음을 열어 주고, 용틀임하는 창파(滄波)는 우리를 격동케 한다. 그러나 자외선을 조심하자. 태양의 자외선은 세균을 죽여 주어서 좋지만 우리의 몸도 세균의 세포와 크게 다를 바 없어 이 '넘보라살(자외선)'은 사람의 세포도 죽인다. 여름 바다에서 살갗을 태운다고 하는데 사실은 살(세포)을 태워 죽이는 것이다. 살이 햇볕에 타서 따갑고 아파서 밤잠을 못 자고, 나중에는 뱀껍질처럼 허물을 벗는다. 지구의 오존층이 훼손되어 자외선은 더욱 강해지고, 밝은 태양에 눈은 백내장을 앓고, 피부는 암을 일으킨다.

문제의 암세포는 이동하는 행동거지가 보통 세포와는 다른 미친 세포다. 조직을 파고들어가기도 하지만 혈관의 피를 타고 다른 조직으로 가기도 하는데 이 성질을 '이행(移行)'이라 한다. "만물은 다 제 자리가 있고 [萬物皆有位] 제 이름이 있다[萬物皆有名]"고 하는데 이놈의 암세포는 천방지축이다. 위암이 오래되면 십이지장으로, 간으로 헤집고 다닌다. 가서 혹을 만들고 조직을 송두리째 파괴한다. 한마디로 암세포는 조절 기능을 잃은 망나니 세포다. 정상세포는 제 자리에 머물러 있으면서 세포분열을 하다가 다른 세포들로 둘러싸여 파묻히면 분열을 정지하는데, 암세포는 늙은 세포, 어린 세포 할 것 없이 모두가 쉬지 않고 분열한다. 그래서 혹이 생긴다. 늙으면 모름지기 방구석에 조용히 있어야 하는 법인데 암세포는 늙어도 주책을 부린다.

자외선에 노출되면 당장은 괜찮아 보이지만 자주 노출되면 세포가 늙으면서 피부암을 일으킨다. 피부에 생긴 암세포는 혈관을 타고 허파로 간다. 피부의 조직은 물론이고 허파까지 파괴하는 무서운 것이 피부암이다. 따라서 해수욕을 즐기더라도 태양에 너무 많이 노출되는 것은 매우 해롭다. 적당한 그늘과 얇은 겉옷이 필요하다.

미국에서 햇빛 때문에 생긴 피부암에 관해 조사한 결과를 보면, 목화농장의 흑인들에게 입술암이 많았다고 한다. 모자를 둘러 쓰지만 불쑥 나온 입술은 계속 빛을 받아 피부암이 생긴 것이다. 최근의 연구는 직사광선이 아닌 반사광선으로도 피부암이 생긴다고 경종을 울리고 있다.

우리 나라는 사계절 언제나 듬뿍 태양빛을 받는 나라라 태양의 고마움을 모르고 지내지만, 일 년에 60일 정도밖에 햇빛을 보지 못하는 영국인이나 북유럽 사람들은 항상 태양을 동경하며 살아간다. 그래서 우리는 여름이면 햇빛을 가리기 위해 밀짚모자를 쓰고 정자나무 밑으로 들어가지만, 그들은 햇빛만 보면 속옷 차림으로 일광욕을 즐긴다. 햇빛을 넉넉히 받을 수 있는 곳에 사는 것만 해도 큰 복이다.

한여름의 좋은 추억으로 내게 남아 있는 것은, 어릴 적 학교에서 돌아오면 우물에서 금방 길어 올린 찬물에 간장을 풀어 먹여 주시던 어머님의 그리운 모습이다. 간장은 염분과 아미노산의 보고(寶庫)가 아닌가.

어머니의 지혜에서 알 수 있듯이 여름 보약은 뭐니뭐니해도 역시 물이며, 물은 생명이다. 그러나 물도 마실 만한 물이 없고 인심도 각박해져 가는 세상. "목이 말라도 더러운 샘물은 마시지 않고〔渴不飮盜泉之水〕, 아무리 더워도 볼품없는 나무 그늘에서는 쉬지 않는다〔熱不息惡木之陰〕"는, 가난한 선비 딸깍발이의 기개가 아쉬운 때다.

신토불이(身土不二)

땅은 그곳 식물과 사람의 형태를 결정한다. 이민 간 사람들은 고추에 대해 놀라운 경험을 갖고 있다고 한다. 한국의 고추씨를 멕시코에 가지고 가서 심으면 한국에서 보던 고추가 열리지 않고 작고 매운 멕시코 고추가 열린다. 한국에서처럼 맛있는 배를 기대하지만 다른 나라에선 조그맣고 쪽박처럼 생긴 찝찔한 맛이 나는 배가 열린다고 한다.

한반도는 기(氣)가 넘치는 곳이라 한다. 한국 인삼은 중국이나 미국 위스콘신 인삼보다 효능이 높아 비싼 값에 팔린다. 또 한국의 은행잎은 약효가 높아 독일에서 수입해 가고 있다. 다른 농작물도 한국산은 다른 나라에서 생산되는 것과 다르리라. 이런 음식을 먹고 자란 한국인들은 팔팔하기 이를 데 없어 30년 만에 무(無)에서 중진국의 선두에 서게 되었다.

국내 경작 농작물을 섭취하는 것이 기를 보존하고 팔팔하게 사는 방법이 아닐는지! 그런 점에서 기가 그대로 들어 있다고 믿고 싶은 제철에 난 현지 농산물을 먹으라고 권하고 싶다. 미국에 가면 쇠고기를, 필리핀 등 섬나라에서는 생선을, 중동에 가면 양고기를 먹는 식이다. 이러한 것들은 그 지역 사람들이 많이 먹고 있어 보관에도 문제가 없고 틀림없이 싱싱하다. 그곳 지기(地氣)가 그대로 들어 있을 테니까.

위의 글은 경기화학 대표 권회섭 씨가 쓴 글이다. 외국을 많이 다니면서 얻은 고귀한 재산이다. 관광 아닌 여행은 책보다 더 귀한 체험의 지식과 지혜를 얻을 수 있어 좋다. 중국사람들의 글 중에 이런 것이 있다. "독만권서불여비만리로(讀萬卷書不如飛萬里路), 책 만 권을 읽는 것보다 만리를 걷는 것이 낫다"는 뜻이다. 떠나는 것은 젊음의 특권이라고 하니 우리 젊은이들도 외국을 많이 다녀 보고 견문을 넓히길 바란다. 유럽에 갔을 때 로마 시내에서 내가 본 동양 젊은이들에게 "어디에서 왔느냐?"고 물어 보면 그들의 대답은 하나같이 "자팡(일본)"이었다.

여행하는 한국 젊은이는 적어도 늙은이들은 많아서, 원형경기장 앞에서 한 이탈리아 젊은이가 사진첩을 들고 우리말로 "열 장에 일 달러입니다"를 연발하고 있었다. 그 젊은이와 같이 사진을 찍고 그 말 뒤에 "쌉니다"를 붙이라고 가르쳐 주고 왔다. 또 포르투갈의 빵집에 가서 '브레드'가 아니라도 '빵'이면 통한다는 것도 느껴 보고(빵pão은 원래 포르투갈어다)……. 여행은 영혼을 순수하고 맑게 해 준다.

그런데 바뀌지 않는 것은 입(혀)이다. 잠도 침대에서 자고, 옷도 양복을 입고, 말도 그 나라 말을 하지만 '죽어도' 바뀌지 않는 것이 입맛이란다. 학생대표 30여 명을 데리고 연수차 대만에 일주일 동안 체류했을 때였다. 덥기는 하고 음식은 입에 안 맞아 나도 혼이 났지만, 영월 출신의 한 여학생은 그 일주일 내내 '미팡'과 고추장으로 살았다(쌀밥을 미팡米鈑이라 한다). 하루는 학생들이 하도 입맛이 없다기에 "얘들아, 대만에도 컵라면이 있더라" 했더니, 내 말대로 라면을 사다가 호텔 복도에 있는 뜨거운 물을 부어 먹어 본 모양이다. 다음 날 아침, 교수님 때문에 돈만 날렸다고 야단들이다. 라면도 다른 음식처럼 그네들의 입에 맞게 만들었을 줄이야……. 조금 긴 여행을 할 때면 나도, 내 처도 호텔방에서 고추장에 멸치, 김을 좀 씹어야 소화가 되곤 했다.

이렇게 혀의 문화는 바뀌기 어려운 걸 보니 혀는 매우 보수적인 모양이다. 그러나 이민 2세, 3세들은 달라서 그 나라의 문화에 매우 빨리 동화한다. 그런데 이들을 모국에 데려와서 김치를 먹이면 다른 민족보다 빠르게 적응한다고 한다. 이것은 미각의 유전인자화를 말하는 것으로, 인자는 숨어 있을 뿐 기회가 있으면 곧 발현한다.

미국에 있을 때 『LA타임즈』에서 발표한 통계자료 하나가 내 눈길을 끌었다. 미국에 살고 있는 한국, 일본, 필리핀, 베트남 사람들의 결혼 실태를 조사한 자료였는데, 한국남자가 한국여자와 사는 비율은 다른 나라 남자들이 제 나라 여자와 사는 비율보다 훨씬 높은 반면, 한국여자들이 한국남자와 사는 비율은 다른 나라 여자들이 제 나라 남자와 사는 비율보다 훨씬 낮았다. 한국남자는 보수적이나 여자들은 매우 개방적이라는 뜻일까? 아니면 남녀에 따라 맛 문화가 달라서였을까?

미국은 이민의 나라다. 그 중에는 영국인이 제일 많고 독일, 프랑스, 이탈리아인 순이다. 미국에서는(캐나다도 그렇다) 빨래를 밖에 널지 않는다. 아니 널지 못한다. 그랬다간 아마 야만인 취급을 당할 것이다. 영국이나 독일은 소나기가 자주 오고 습기가 많기 때문에 빨래를 밖에 널 수가 없다. 그런데 알프스를 넘어 이탈리아로 접어드니 이게 웬일인가. 빨랫줄에 속옷들까지 주렁주렁 널려 있는 게 아닌가. 빨래 문화도 땅(기후)과 관계가 있다. 신토불이인 것이다. 이탈리아인이 쉬운 말로 '미국을 잡고' 있었다면 곳곳에 빨래들이 깃발처럼 휘날렸을 터이다.

앞에서 인용한 글에 '멕시코 고추' 얘기가 나온다. 멕시코 고추는 칠리(chili)라고 하는데 작고 아주 매운 반면(고추가 매운 것은 캡사이신capsaicin이라는 성분 때문이다) 프랑스 고추인 피망(piment)은 맵지 않고 달다. 고추는 가지과에 속하고 열대지방이 원산지로, 우리 나라에 고추가 들어온 것은 조선조 말엽이다. 다년생(多年生) 식물이니 사실 '고추나무'라는 표현이 옳겠다. 대전 엑스포에 4천여 개의 고추가 열린 6년생 나무가 전시된 적이 있다고 한다. 그리고 '남귤북지(南橘北枳)'라는 말이 있는데 이것은 중국 남쪽의 귤을 북쪽에 심으니 탱자가 되었다는 뜻이다. 아무튼 멕시코의 칠리와 프랑스의 피망, 우리의 고추가 다른 것은 모두가 땅 때문이다.

미국에 교환교수로 갔을 때의 일이다. 주류 판매점(liquor store)에서 여행비를 조금 벌고 있을 때 김 선생을 만났다. 6·25 때 흑인 아버지와 한국인 어머니 사이에서 태어나 한국에서 석사 과정까지 마치고 부산의 모 중학교에서 교편을 잡았으나, 인종 차별이라는 덫에서 벗어나기 위해 부인(한국인)과 두 아들을 데리고 미국으로 건너와 양말을 팔아 겨우 살아간다고 했다. 그런데 그게 아니었단다. 미국에 오니 역시 '검다고 차별, 노랗다고 차별해' 복장이 터져 죽겠다면서 내 손을 잡고 눈물을 흘렸다. '저놈들(두 아이)이 불쌍해서' 건너왔더니 이젠 더 불쌍해서 죽겠단다. 그래서 나도 덩달아 손수건을 꺼냈던 기억이 난다. 내가 교수라는 것을 알고 같은 교직의 벗을 만나 아무에게도 못 했던 하소연을 한 것이리라. 귀국하면 자기처럼 불행한 사람이 없도록 '사람은 다 같다' 는 것을 아이들에게 가르쳐 달라는 간곡한 눈물의 부탁을 받았다.

'김 선생, 부디 칠리, 고추처럼, 또 귤, 탱자처럼 살아요.'

사실 미국이나 일본의 인종 차별을 성토하지만 우리만큼 폐쇄적인 민족도 드물다. 채집하러 다닐 때면 자주 경험하는 일이다. 마을 앞을 지나가면 고개를 숙인 채 힐끗힐끗 쳐다보는 눈치가 나를 마치 도둑놈 보듯 한다. 같은 황색인데도 말이다. 미국과 일본의 교포들 중에는 큰돈을 벌고 성공한 사람도 많다. 그러나 우리 나라에 사는 중국 화교 중에서 큰 사업을 하는 사람 보았는가. 기껏해야 자장면집밖에 못 한다. 세계 속의 한국인이 되려면 마음도 열고 눈도 크게 떠야 한다. '우물 안 개구리' 를 면하고 거듭나야 한다. 그렇지 않으면 결국은 겨자씨로 남게 될 것이다.

요즘 아이들은 김치를 싫어한단다. 사실은 싫어하는 게 아니라 부모가 어릴 때부터 먹이지 않았기 때문이다. 아이들이 맵다고 거부반응을 일으키니 먹이지 않은 것이다. 모두가 부모의 과보호 때문이니 정말로 괘씸하고 안타까운 생각이 든다. 김치(Kimchi)는 한국의 대명사다. 미국의 내 친구 교수도 앤아보(Ann Arbor)의 한국음식점에 데려갔더니 연신 "맵다, 맵다!(Hot, Hot!)" 하면서도 더 달라고 청하곤 했다. 일본사람들까지도 맛을 들여 '김치 관광' 이라며 야단이라는 조상의 김치를 요놈들이 안 먹다니. 안 먹으면 먹여라. 얼빠진 부모가 되지 않으려면 자식들에게 김치를 먹여야 하고, 나중에 자식들의 원망을 듣지 않기 위해서라도 맛들이게 해야 한다. 모두가 아이들의 건강을 위해서다. 배추와 무에는 천연섬유소와 비타민이 그득 들어 있고, 항암작용을 하는 '단군신화' 의 마늘이 들었고(마늘기름은 혈액순환도 촉진), 무기물 덩어리인 고춧가루, 피를 맑게 하는 생강, 뇌의 발육을 촉진하는 파, 고농도 아미노산과 칼슘이 들어 있는 젓갈……. 게다가 김치는 발효식품이다. 이보다 더 좋은 식품이 또 어디에 있겠는가. 김치에는 천연유산균 외에도 장의 기능을 촉진시키는 여러 종류의 세균이 들어 있다. 요구르트는 이런 천연유산균을 먹을 기회가 없는 민족들이나 먹는 것이다. 우리 아이들이라면 모두가 김치 인자를 갖고 있으니 몇 번만 먹이면 맛있게 먹게 되어 있다. 신토불이다. 그래야 잔병 치레도 하지 않는다.

김치에는 민족의 양분(혼)이 들어 있다!

|꾀만 있어서 되나|

모든 동물은 외부에서 가해지는 자극에 반응하여 적절하게 대처해 나가면서 살아가고 있다. 이러한 동물들의 생존전략을 살펴보기 전에 먼저 '행동학(ethology)'이라는 용어부터 설명해 둔다. 행동학이란 1970년대에 만들어진 단어로, 말 그대로 '동물의 행동'을 연구하는 학문의 한 분야다. 동물의 몸놀림, 습관적 행동, 본능, 학습 등이 여기에 포함된다.

동물의 행동 중에서 가장 하등한 단계가 '주성(走性)'이다. 하등한 동물일수록 이 주성에 의존하여 반응하는데, 이를테면 물고기의 머리는 항상 물이 흘러오는 쪽을 향하고, 지렁이를 잡아 접시에 놓아 두면 반드시 어두운 쪽 구석에 붙는다. 사람들에게도 비슷한 흔적이 보이는데, 버스를 타면 창가에 앉아 옆으로 기대고 싶어하는 것도 그 중 하나다.

'반사적'이라는 말이 있다. 주성의 다음 단계로 자기를 방어, 보호하기 위한 행동이다. 사람의 '반사(反射)'에는 등골(척수)이나 중뇌, 소뇌가 관여하는 무조건반사와 대뇌가 관여하는 조건반사가 있다.

응급실에서 환자의 팔꿈치와 무릎을 때려서 반응(등골 반사)이 일어나고, 눈꺼풀을 열고 전등으로 빛을 비추면 눈동자가 오므라드는 반응(중뇌 반사)이 일어났다면 그 환자는 최소한 등골과 뇌에는 큰 손상이 없다는 것이 확인된 셈이다. 이런 반응은 자신의 몸을 보호하기 위해 자기도 모르는 사이에 일어나는 반응이다.

강한 빛이 비치면 눈동자가 작아지는 것은 시신경에 상처를 입히지 않기 위해 중뇌에서 반사적으로(대뇌의 감각령과 운동령의 개입 없이) 일어나는 반응이다. 또 미끄러운 빙판에서 '넘어질 뻔' 했던 것은 소뇌의 반사이고, 뜨거운 난로에 손이 '닿을 뻔' 한 것은 등골 반사다. 위의 세 가지 반응 모두가 대뇌가 의식해서 이루어진 행동이 아니다. 뜨거운 난로에서 손을 떼는 것은 먼저 일어난 행위이고, 뜨거웠다는 느낌을 대뇌가 느끼는 것은 나중에 일어난 일이다. 대뇌가 느껴서 손을 떼게 했다면 손은 이미 많은 화상을 입었을 것이다.

조건반사는 개가 종소리만 듣고도 침을 흘리게 한 파블로프(Pavlov)의 관찰 실험으로 유명하다. 한 번으로는 대뇌에 반사중추가 형성되지 않기 때문에 먹이를 줄 때마다 종을 울리는 것을 여러 번 반복해야 한다. 조건 반사는 청각뿐만 아니라 오관(五官) 모두가 일으키는 반응이다. 귤을 먹을 때마다 보고(눈), 냄새를 맡고(코), 만져 보았다면(살갗) 다음부터는 보기만 해도, 냄새만 맡아도, 만지기만 해도 침이 나온다. 대뇌에 귤에 대한 조건반사 중추가 형성되었기 때문이다.

조건반사는 같은 경험을 여러 번 반복했을 때 일어나고 대뇌가 관여하는 특징이 있으며, 시간이 지나면 반사중추가 없어지기도 한다. 깨끗한 냇물의 돌 밑에 붙어 사는 플라나리아를 실험실로 가져와서 빛을 비춘 다음(반응 없음) 전기 자극을 주는(몸을 수축한다) 일을 여러 번 반복하고 나면 빛만 비추어도 몸을 수축한다. '빛 다음 전기'라는 기억을 뇌에 넣어 두었기 때문이다. 이렇게 조건반사는 개뿐만 아니라 뇌를 가진 모든 동물한테서 일어나는 반응이다.

그 다음으로 진화된 동물의 행동은 '본능(本能)'이다. 보고 배운 것이 아니라 태어나면서부터 가지고 있던 선천적인 것으로, 몸 속에 이미 프로그래밍 되어 있는 것이다. 거미가 집을 짓고, 새가 둥지를 틀고, 닭이 알을 품고, 아기가 태어나자마자 젖을 빨고 하는 것 모두가 본능이다. 나방이 박쥐 소리만 들으면 땅바닥에 떨어진다든지, 어미닭이 꽥 소리를 지르면 솔개가 온 줄 알고 병아리들이 바닥에 엎드리는 것 모두가 본능 현상이다. 이러한 본능 행위는 부모에게서 유전된 것으로 소리, 색, 냄새, 움직이는 물체 등이 자극이 되어 드러난다.

이 분야에서는 1973년에 프리슈(Frisch), 로렌츠(Lorenz), 틴베르겐(Tinbergen) 등이 새와 물고기의 행동을 연구하여 노벨상을 받았다. 그 후에도 동물의 행동에 대해서는 벌이나 다른 동물을 대상으로 활발한 연구가 이루어지고 있다. 틴베르겐의 가시고기에 관한 관찰은 특히 유명해서 어느 교과서에나 수록되어 있다(우리 나라에도 큰가시고기와 작은가시고기, 가시고기 등 3종이 살고 있다).

수놈 가시고기는 수초와 진흙을 섞어 집을 짓고 암놈을 불러들여 알을 낳게 하는 특별한 습성을 보여 주는 물고기다. 수놈은 발정기가 되면 배아래가 붉은 혼인색을 띤다. 틴베르겐은 여러 가지 모양의 물고기 모형을 만들고 여러 가지 색을 칠해 실험을 했는데, 집을 지키는 수놈이 배 아래의 붉은색에 예민하게 반응한다는 것을 발견했다. 즉 붉은색을 칠하지 않은 수놈 가시고기 모형에는 거의 반응을 보이지 않았는데, 배에 붉은 칠을 한 모형에는 강한 공격을 했다고 한다. 본능을 자극하는 것 중에서 '색'에 대한 실험이었다.

다음은 주로 고등한 동물이 보여 주는 행위인 '학습(學習)'이다. 물론 하등한 지렁이도 단순한 학습인 미로학습이 가능하다. 경험이 매우 중요한 요인으로 작용하고, 선택적인 행동을 한다는 것이 이 학습의 특징이다. 한쪽에는 전기장치가 있고 다른 쪽은 전기장치가 없는 미로에 지렁이를 넣는 일을 계속하면, 여러 번의 시행착오를 거친 후 나중에는 틀리지 않고 전기가 없는 곳을 찾아간다. 지렁이도 공부를 한다. 역시 반복이 중요하고, 반복학습이 흔히 말하는 공부인 것이다.

사람의 가르치고 배우는 행위도 이 학습이다. 앞에서 이야기했듯이 병아리는 처음에는 새가 머리 위를 날면 무조건 엎드리는 본능적인 행동을 보여 주지만 커 가면서 선택적으로 반응하게 된다. 그리고 엎드리는 행동 외에도 달려가서 숨을 줄도 알게 되는데 이것은 어미에게서 배운 학습의 결과이다. 어미보다 나은 스승은 없는 법이다.

이런 실험도 있다. 어미·아비와 같이 자란 새와, 아비의 지저귀는 소리를 못 듣고 자란 새의 울음소리를 분석했더니, 아비의 소리를 듣지 못하고 자란 놈들은 비정상적인 소리를 내더라는 것이다. 새도 소리까지 아비에게서 배운다(모든 동물은 수놈이 소리를 잘 낸다). 아비의 소리 대신 다른 새의 소리를 녹음해 들려 주면서 키우면 '사투리' 아니면 '외국어'를 배우는 셈이다. 한국에 온 외국 선교사 중에는 경상도에서 활동한 탓에 경상도 사투리를 쓰는 이도 있고 전라도에서 지내서 그곳 사투리를 쓰는 이도 있듯이 말이다.

자식은 부모의 거울이다. 아이들은 말뿐만 아니라 행동도 부모에게서 배운다. 특히 어릴 때가 중요한 시기다. 갓 부화한 병아리를 어미닭 대신 사람이 기르면 그놈들은 사람을 제 어미로 생각하고 따른다. 태어나서 처음 본 것을 어미라고 생각하는데 이것을 우리는 각인(imprinting) 현상이라고 한다. 사람이 병아리의 '인조모(人造母)'가 된 셈이다.

그런데 초기에는 각인 현상이 강하게 작용하지만 성장하면서 차츰 유전적인 소질이 작용하게 된다. 외국에 입양된 아이가 어릴 때는 외국인을 낳아 준 부모로 알지만 나중에는 길러 준 부모임을 깨닫는다. '꿩새끼'도 나중에는 산으로 날아가고 '미운 오리새끼'가 강으로 가듯이. "피는 못 속인다"는 것은 곧 유전적인 특성을 말하는 것이다.

가장 고등한 행위는 역시 '지능'이다. '주성 → 반사 → 본능 → 학습 → 지능'의 순서인데, 하등할수록 주성이 강하고 고등할수록 지능이 강해진다. 새가 집을 짓고 알을 품고 새끼를 기르는 것을 보면 너무 신기해 자칫 '지능적인' 행동으로 보일 정도다. 그러나 잘 관찰해 보면 일정한 행위의 반복으로 변화와 창조를 찾아보기 어렵다. 새를 길들여(가르쳐) 춤을 추게 하고 '동해물과 백두산이……' 애국가를 부르게 할 수도 있지만, 그것은 그저 반사적인 학습일 뿐 지능적인 행위는 못 된다. 일반적으로 하등포유류에게서 지능적 행동이 관찰되고, 영장류(원숭이들)에게서는 상당히 나타나며, 사람에 이르러 극치를 이룬다.

그러면 지능이란 어떤 행동을 말할까? 필자의 경험 하나를 소개한다. 어릴 때 큰 거울을 마당으로 들고 나가서 수탉 앞에 놓아 봤더니 거울 속의 침입자 수탉과 치열한 싸움을 벌였다. 옛날 이야기지만 남편이 한양에서 사 온 거울 속의 여인을 두고 질투했다는 아낙네처럼 말이다. 다음은 개 앞에 거울을 놓아 보았다. 그런데 개는 처음에는 거울 속을 성난 모습으로 들여다보았지만 금방 거울의 뒤쪽을 느긋하게 기웃거리더니 별 반응을 보이지 않고 무시해 버렸다. 이 개가 앞의 아낙네보다 지능이 높다고 해도 할 말이 없다.

교과서에서는 지능에 대해 설명할 때 침팬지의 예를 든다. 높은 곳에 매달아 둔 바나나를 작대기로 따 먹거나 의자를 포개 놓고 그 위에 올라가 따 먹는 행위를 지능으로 설명한다. 침팬지의 지능은 세 살짜리 아이의 지능과 비슷하다고 한다. 쉬운 말로는 '꾀'가 지능이요, 어려운 말로는 '재(才)'가 지능이다.

꾀와 덕(德)을 겸비해야 사람이요, 어눌하고 굼뜨게 살아가는 것이 중용(中庸)이 아닐까. 잔꾀는 개도 원숭이도 가지고 있더라.

유별난 사람에게 별명이 많듯이 주객을 칭하는 말도 참 많다. 술보, 술부대, 술망태기, 술고래, 술꾼, 술도가 등이 있고, 좋지 못한 뜻으로는 술망나니, 술 먹은 개라고도 한다. 누가 뭐라 해도 우리 민족은 술, 노래, 춤을 즐기고 좋아하기로 세계에서 으뜸이다. 술인심 좋기로도 유명하고.

술은 마시면 취하고 성적으로 흥분되기 때문에 최취성(催醉性) 음료라고 정의되는데, 약학의 성경인 '약전'에는 술이 '가장 부작용이 적은 약'이라고 씌어 있다. 그래서 우리도 옛부터 술을 약주(藥酒)라고 불러 왔나 보다.

술은 5천여 년 전에 이집트에서 곡식으로 처음 만든 것으로 알려져 있고, 로마신화에 따르면 주신(酒神) 바커스(Bacchus)가 포도의 재배와 포도주 제조법을 가르쳤다고 한다. 이는 한마디로 인류의 역사는 술과 더불어 시작했고 술과 더불어 흘러왔다는 얘기다. 중국에서는 두강(杜

康)이 처음으로 술을 만들었다고 해서 두강주가 술의 대명사로 쓰인다. 우리 나라는 약 3천 년 전부터 술이 있었을 것으로 추측하고 있으나 고조선시대라 기록이 없으니 알 수 없는 일이다.

중국에서는 하늘에 술을 바치는 것은 천신(天神)을 공경하는 것이며, 술은 백 가지 복을 가져다 준다고 믿었다. 우리도 유학의 예를 숭상해 왔기 때문에 예로부터 계급, 나이에 관계없이 서로 술을 권했고 '술은 아름답다'는 생각을 갖고 있었다.

민족마다 이렇게 아름다운 술을 어떻게 하면 더 예쁘게 만들어 먹을 수 있을까 고심해 왔고, 결국은 문화의 발달과 술의(알코올 문화의) 발달은 서로 비례하게 되었다. 중국의 마오타이(마오타이도 수십 가지가 있다고 한다), 프랑스의 코냑, 영국의 위스키, 독일의 맥주가 만들어진 것은 결코 우연이 아니다. 물론 그 나라의 물과 기후, 농작물의 종류에 따라 제각각 다른 술이 빚어졌다. 결국은 신토(身土)의 문제인데 우리 나라에도 발효주인 약주(藥酒)와 증류주인 소주(燒酒)가 있어 체면은 세웠다고 본다. 근래에는 지방마다 고유한 전통주(과일주, 곡주 등)를 개발하고 있어 마음이 흐뭇하다. 술 문화와 민족 문화의 발달이 비례한다는 것이 의미하는 바가 크기 때문이다.

술을 마시는 방법도 민족마다 다 다르다. 외국에 나갈 때면 이 사람들은 술을 어떻게 마시나 눈여겨 봤던 기억이 난다. 5달러를 주고 큰 유리그릇에 생맥주를 가지고 와서 각자 자기 컵에 따라 마시거나 따라 주기도 했고 안주는 주로 팝콘이었다. 다 마시면 다음 사람이 5달러를 내고…….이렇게 계속 마셔도 컵은 항상 제 컵으로 마신다. 그들의 음주는 잔을 바꾸지 않는, 여럿이 마시지만 혼자 마시는 독작(獨酌)인 것이다.

이렇게 독작을 하게 된 배경에는 여러 가지 이유가 있겠지만 무엇보다도 그네들의 개인주의와 상대에 대한 불신을 들 수 있겠다. 중국사람들도 술병에서 따른 술을 주인이 먼저 마시고 '깐뻬이(잔을 말린다는 뜻의 건배 乾杯)'라며 머리 위에서 잔을 뒤집어 다 마셨다는 것을 보여 준다. 미국사람들이 '바텀스 업!(bottoms up!)'하면서 마신 후 잔을 뒤집어 보이는 것과 아주 비슷한 모습이다. 옛말에 주주객반(主酒客飯)이란 말이 있는데, 이는 술은 주인이 먼저 마시고 밥은 손님이 먼저 먹는다는 뜻으로, 술에 독이 들어 있지 않다는 것을 보여 주기 위해서 주인이 술을 먼저 마신다는 뜻으로 쓰이기도 한다. 옛날에는 술에 독을 넣어 상대를 독살한 사건이 많았나 보다. 또 서양사람들은 술을 따를 때 술의 이름이 적힌 쪽을 상대에게 보여 준다고 하는데 그런 행위도 불신에서 비롯된 것으로 보인다. 칼 문화의 일본사람들도 자작(自酌)을 즐긴다고 한다.

우리야 어디 그렇나. 한때 간염바이러스가 술잔으로도 전염된다는 보고가 있은 후에는 조금 뜸했으나 여전히 서로 잔을 바꿔 가며 마시는 대작(對酌)이고, 기분이 아주 좋은 날에는 큰 잔을 차례로 돌려 가며 마시는 돌림잔인 순작(巡酌)이다. 우리 조상들은 절대로 독작을 하지 않았다. 술친구가 없으면 국화와 주고받거나 그도 아니면 하늘의 달과 대작을 하였으니 여유와 멋의 극치가 아닌가 싶다. 후백제 견훤왕에게 수모를 당했던 신라의 경애왕도 포석정에서 신하들과 정을 나누는 순작을 하고 있었다. "대포 한잔 하자"고 할 때 대포는 탄환을 쏘는 대포가 아니라 돌려 마셨던 큰 술잔을 말한다고 한다.

"술 취한 사람, 사촌 집 사 준다"고, 한잔 하면 기분이 좋아지고 눈앞에 '보이는 게' 없어지게 된다. 그래서 '취중안하무영웅(醉中眼下無英雄, 술에 취하면 눈앞에 영웅이 없다)'이라 했다. 술을 먹으면 마음 속의 말을 한다고 '취중진언(醉中眞言)'이라고 하고, 술에 취하면 저절로 진심을 털어놓는다는 뜻이 '진로(眞露)'다. 이렇게 술이란 이질적인 것들을 동화시켜주는 가공할 마력을 가지고 있다. '술친구'란 이미 일심동체가 된 상대를 의미하고 그들 사이에는 갱(gang) 의식이 싹터 의리를 귀하게 여기게 된다. 혈맹이 아닌 주맹, 술로 맹세한 술무리인 것이다. 나 역시 더불어 술을 마셨던 친구들은 잊혀지지 않고, 경조사가 있으면 내 일처럼 달려가게 된다.

술을 마시는 데도 미신 같은 믿음들이, 아니 우리 문화의 정수가 깃들어 있는 것을 볼 수 있다. 술을 마셔도 짝수 잔, 짝수 병은 마시지 않고 꼭 홀수를 고집한다. 주불쌍배(酒不雙杯)라는 말을 금언처럼 지키는 사람들이 많다. 우리는 홀수인 기수(奇數)를 좋아하고 짝수인 우수(偶數)는 기피하는 경향이 있기 때문이다. 그런데 우리와는 달리 서양사람들은 짝수를 좋아한다. 음주의 또 다른 불문율은 반드시 오른손으로 잔을 권해야 하고 술을 따를 때도 오른손으로 따라야 한다는 것이다. 이는 아랫사람에게도 마찬가지다. 또 아직도 후배나 제자는 선배나 스승 앞에서 비록 기를 나누는 잔은 맞대지만 마실 때는 고개를 옆으로 돌리고 마신다. 외국에는 없는 우리 고유의 전통으로 길이 보존해야 할 빼어난 유산이다.

술집에서나 음식점에서 흔히 보는 우습기까지 한 장면이, 손에 돈을 들고 서로 내겠다고 상대를 밀면서 몸싸움(?)을 하는 모습이다. 외국인들의 눈에는 틀림없는 싸움이다. 그러나 우리에게는 너무나도 흐뭇한 모습이 아닐 수 없다. 그런데 요즘 젊은이들 사이에서는 이러한 아름다운 광경을 점점 볼 수 없게 되어 가는 것이 못내 섭섭하다. 술에 공짜 없다고 오늘

내가 술값을 내면 다음에는 네가 내고, 이렇게 술추렴을 하다 보면 나중에는 서로 비슷하게 술값을 내게 된다. 그런데 뱃놈 근성을 가지고 있는 짜기로 유명한 네덜란드의 풍습인, 내가 먹은 것은 내가 낸다는 깍쟁이의 '더치 트리트(Dutch treat)'를 배워서 현대인 행세를 하고 있으니 통탄할 노릇이다. 모르는 사람끼리나 해야 할 짓을 지우(知友)간에 하다니, 장돌뱅이나 하던 짓이 아닌가. 물질문명과 개인주의가 젊은 사람들을 그렇게 만들어 놓은 것에 넌더리가 날 뿐이다. 우리의 좋은 점은 물려받아 쓰다가 다음 세대에게 꼭 전해 주었으면 좋겠다.

필자도 이 나이에 아직도 술이라면 좋아하고, 마음에 맞는 친구와는 말술도 마다 않고 마시는 두주불사(斗酒不辭)이나, 주선(酒仙)이나 주성(酒聖) 단계에 도달하려면 한참 더 마셔야 할 게다. 술은 세상사를 안주삼아 마신다. 술을 마실 때는 어디에서, 누구와, 어떤 술을 마시는가 하는 삼위일체가 중요하다. 따뜻하게 맞아 주는 주모가 있는 집에서, 자주 더불어 마시는 벗과, 그 벗과 내가 좋아하는 술(나는 막걸리를 좋아하고 감잣국집이 제일이다)을 마실 때가 제일 좋다. 또 하나 덧붙인다면 외상장부에 이름을 올릴 수 있는 집이라야 더 좋다. "주모 가네, 그어 놓게"로 끝낼 수 있는 집! 남춘천 기차역에서 멀지 않은 곳에 그런 '내 집'이 있다.

술이란 버릇이라 어떤 술이나 자주 마시면 그 술이 입에 맞고 몸에도 맞다. 어느 술이나 알코올은 다 같아서 'C_2H_5OH'라는 분자식을 갖고 있다. 막걸리를 마실 때는 흔들어 마신다. 밑에 가라앉아 있는 것은 모두 효모(이스트)인데 여러 종류의 비타민과 영양소를 가지고 있다. 내 고향 마을의 여든이 넘은 한 할아버지는 다른 음식은 못 먹고 막걸리와 사탕만으로 열 달을 연명하다가 별세하셨다. 막걸리(술)는 가수분해효소(소화효소)가 필요없는 음식으로 마시면 위에서부터 곧바로 흡수된다. 효모 찌꺼기는 작은창자, 큰창자를 지나면서 비타민을 제공하고 나중에는 똥으로 배설된다. 만일 그분이 소주나 양주를 마셨다면 그렇게 오래 사실 수 있었을지 생각해 보면 조상님네들이 지금껏 마셔 왔던 막걸리의 의미를 깨닫게 될 것이다. 증류한 술을 마셨다면 창자가 붙어 버리고 말았을 것이다. 우리 체질에 꼭 맞는 막걸리를 마셔야 할 당위성을 설명할 이보다 더 좋은 예는 없다. 노후를 대비해서라도 막걸리를!

그렇다면 사람들은 왜 술을 마실까? 담배는 정신에는 좋으나 육체에는 나쁜 단점이 있으나, 술은 정신에도 좋고 육체에도 좋다. 어떤 술꾼은 술을 마시는 목적이 술 취한 다음 날 아침 수도꼭지를 틀고 시원한 물을 꿀꺽꿀꺽 마시는 재미에 있다고 하고, 어떤 이는 뜨끈한 해장국을 먹는 맛에 있단다.

술, 담배 참고 모아 소 샀더니 그날 밤에 호랑이가 물고 갔다던가. 기뻐서 한잔, 슬퍼서 한잔이다. 멀리서 친구 왔다고 한잔 하고, 친구 떠난다고 또 한잔 한다. 술이 있는 세상은 즐겁다.

호랑이도 담배를……

'담배 잘 먹는 용귀돌(龍貴乭)'이라는
담배쟁이가 있다. 담뱃진이 뇌 속에 꽉 차게 끼었다고 스
스로 머리를 깨고 냇물에 가서 뇌를 씻었다는 사람이다.
1960년대 초에 담배가 폐암의 원인이 된다는 연구 결과가
처음 나왔을 때, 애연가들은 "담배 없이 변소는 어떻게
가나", "담배가 폐암을 일으킨다니, 그 고민 하느라고 담
배가 더 먹힌다"고 푸념하기도 했고, "웃기지 마라. 처칠
은 줄담배 피워도 오래만(92살) 살더라", "계집 없인 살
아도 담배 없이는……" 하고 독심(毒心)으로 계속 피우는
사람도 있었다. 필자도 하필이면 그 와중에(대학교 4학년
때) 담배를 배워 지금까지 30년이 넘게 이러지도 저러지
도 못 하고 있다.

담배의 학명은 니코티아나 타바쿰[*Nicotiana tabacum*]으
로 남아메리카의 페루 지역을 그 원산지로 보고 있다. 담
배의 주성분인 니코틴(nicotine)과 흔히 담배를 일컫는 타

바코(tabacco)도 이 학명에서 왔다는 것을 알 수 있다. 니코티아나 [Nicotiana]라는 속명은, 리스본에 프랑스 대사로 가 있던 장 니코(Jean Nicot)라는 프랑스 사람이 담배를 관상용으로 재배하고 있었는데, 담배가 두통에 좋다는 말을 듣고 두통이 심한 왕비에게 보냈다고 해서 그의 이름이 붙은 것이라고 한다.

담배가 우리 나라에 들어온 것은 임진왜란 이후이니 약 350년의 역사를 가지고 있다. 담배를 부르는 이름도 여러 가지라, 일본에서 들어왔다고 남초(南草), 연기를 내는 풀이라고 연초(煙草)라 하고, 타바코를 한자로 표기해 담바고(淡婆姑)라고 하기도 했다. 또한 손님이 오면 제일 먼저 대접하는 것이 이 객초(客草)인 것이다.

필자가 어렸을 때다. 할머니의 긴 담뱃대에 불을 붙여 드리고 말린 갈대로 담배설대의 진을 후벼 드렸는데(한쪽 끝에 갈대를 밀어 넣고 반대쪽에서 쭉 당긴다), 화로에 불씨가 없으면 석영 부싯돌에 수리치(풀의 일종)를 볶아 말린 부싯깃을 대고 납작한 강철로 몇 번 내리치면 불똥이 튀어 부싯깃에 불이 붙었다. 그래서 담배통의 담배와 부싯깃은 같이 탄다. 담뱃대를 힘껏 빠느라고 살 없는 할머니의 볼이 보조개처럼 들락날락하면 통에서는 연기가 났다. 그때도 그 냄새가 고소하게 느껴졌던 것을 보면 니코틴 인자가 내 원형질 속에 있었던 모양이다. 할머니 담배쌈지에는 잘게 썬 담배가 항상 그득 차 있었고, 떨어질세라 얼른 채워 드리곤 했다. 지금 생각하니 할머니 방에서 나던 냄새는 할머니냄새가 아니라 담배냄새였던 모양이다.

담배 꽁초 하나 잘못 던지면 이만 오천 원의 벌금을 내야 하는 것도 그렇지만, 집에서는 아내와 아이들 성화에 마당으로 나가야 하고, 학교에서는 제자들 때문에 복도로, 공항에서는 화장실 옆의 연기로 꽉 찬 작은 방에 갇혀 피워야 하니, 도대체 '악화(惡貨)' 는 누구며 '양화(良貨)' 는 누구인가. 기차에서도 비행기에서도(지금은 완전히 금연이지만) 화장실 옆에서만 피워야 하니 졸지에 '뒷간' 신세가 되고 말았다.

비록 화장실 옆에서 피우는 담배일망정 나쁜 것만은 아니다. 담배는 백해무익(百害無益)한 것이 아니고 백해백익(百害百益)한 것이라고 한다면 우견(愚見)일까. 금연에 앞장서고 모범이 되어야 할 교수가 무슨 소린가 싶겠지만, 왠지 우리 나라 사람들은 유행에 민감해 분별없이 떼지어 남을 따르고 흐름에 편승하는, 이성적이기보다는 감성적인 면이 너무 강하다는 점을 꾸짖고 싶다. 담배가 나쁘다면 왜, 어째서, 얼마만큼 나쁜지 따져보지도 않고 무조건 '아직도 담배를 피우는 야만인' 으로 매도하고 무시한다. 매사에 길고 짧음이 있고, 세상 일이 얻는 게 있으면 반드시 잃는 게 있는 법인데……

굳이 프로이트의 심리학을 들먹이지 않아도 사람은 입에 뭔가를 물고 싶고, 씹고 싶고, 만지고 싶고, 목에 걸고 싶은 본능을 가지고 있다. 담배를 손가락 사이에 끼우기만 해도 마음의 평정을 찾는다. 시험시간에 볼펜을 손가락 위에서 돌리고 있는 수험생의 심리와 진배 없다. 한 대 물면 세상은 내 것이다. 담배를 느긋하게 피워 문 모습에서 여유를 발견하고 또 무게 실린 멋이 그 속에 있다. 때로는 보랏빛 연기 속에서 영감을 얻기도 한다. 가슴까지 깊이 빨아들여 눈을 지그시 감고 훅 공중으로 내뱉으면 속이 확 트인다. 아침에 일어나 한 대 피우면 잠이 깬다.

서양에서는 수도승들이 성욕을 억제하기 위해서 담배를 피웠다고 한다. 정신병원에서도 탁구와 담배는 약 중의 약 역할을 한다. 높이 날아온

공을 때려서 넘길 때의 기분과 맞먹는 것이 담배의 효과다.

"식후불연 소화불량(食後不煙 消化不良)"이라고, 식후에 담배를 피우면 위장의 기능을 촉진시킬 뿐만 아니라 정장 효과도 있다. 나의 형님도 횟배(회충이 뒤엉켜서 뒤틀면 창자가 아픈 증상)에 좋다고 고등학교 때 벌써 담배를 피우기 시작했다.

교도소에서는 담배가 그렇게 비싸도 팔리고(교도소에서도 일정한 시간에 일정한 장소에서 담배를 피울 수 있게 해 주어야 한다), 군대에는 담배를 안(못) 피우는 사람이 없는 것을 봐도 담배는 스트레스를 해소시키는 정신적인 정화 작용을 하는 것이 분명하다. 물이 흘러가면서 오염물질이 분해되는 정화가 일어나듯 정신의 정화에 담배 니코틴이 으뜸이라는 것을 부정하는 사람은 없다. 이렇게 담배가 정신건강에 좋은데 왜 백해무익한 것으로만 몰아세우는지. 담배는 생각이 많고 고민이 많은 자에게는 밥 못지않은 영양소가 되기도 한다. 한쪽만 보는 편협된 사고를 버려야 한다는 말이다.

하지만 아무리 그렇다 해도 담배가 몸에 해로운 것만은 틀림없는 사실이다. 필자도 지금 30년 동안 인이 박인 담배를 멀리해 보려고 은단이나 과자까지 먹어 가면서 금연을 시도하고 있다. 40여 일 만에 하루에 두 갑이나 피우던 '나의 전부'를 15개비로 줄였다. 사실은 5~7개비까지 줄이는 데 성공했으나 이 원고(생각하는 일)를 쓰기 시작하면서 다시 늘고 말았다. 금연에도 은근과 끈기가 필요하고 '알을 깨는 아픔'이 있어야 하는데 나는……

하루는 필자가 술에 취해 신문의 글자가 보이지 않는다고 불평하는 것을 본 동료 교수가 "술도 문제지만 담배 때문이오" 하지 않는가. 하루 두

갑이 보통인데 술을 마실 때는 그보다 더 피우니 술과 담배가 상승작용을 해 예민한 눈의 망막에 산소 공급이 부족해졌던 것이다. 그래서 글자가 보이지 않았다니! 나의 왼쪽 눈은 이미 백내장수술을 하여 '개눈'이 된 지 오래고, 겨우 하나 남은 눈에 대한 애착 때문에 절연(絕煙)을 시도하고 있는 것이다.

백내장은 수정체를 구성하는 단백질이 변성되어 혼탁해지고, 수정체를 통과하는 빛이 직진하지 못해 난반사가 일어나 물체가 흐려 보이는 병이다. 그대로 오래 두면 수정체가 완전히 하얗게 굳어서 실명할 위험이 있다. 나의 한쪽 눈에는 투명한 플라스틱이 들어 있으니 그 눈으로 세상을 보면 모두가 '개'로 보이는데 남은 '부처님 눈'도 담배에 시달리고 있는 것이다. 담배는 이렇게 눈에까지 나쁜 영향을 미친다.

담배의 니코틴은 말초혈관을 수축시키기 때문에 체온이 떨어지고, 심장박동을 촉진시켜 혈압을 높인다. 담배를 많이 피운 사람은 검은 니코틴이 쌓여 얼굴이 검어지고 연분홍빛의 허파도 담뱃대 속처럼 시커멓게 변한다. 침에 묻어 넘어간 니코틴이 위암을 유발시키고 한 대씩 피운 담배 연기가 그 무서운 폐암을 일으킨다. 또 오랫동안 담배를 피우면 숨관의 섬모들이 모두 죽어 가래가 위로 올라오지 못하고 숨관 밑에 고이기 때문에 밭은기침을 자주 하게 되는 것이다. 용귀돌이처럼 뇌 속에도 검은 니코틴이 찬다. 따지고 보면 사실 담배만큼 나쁜 기호품도 없으며 특히 청소년에게는 더 해롭다. 맑은 산소가 뇌에 충분히 공급되어야 하는데 담배의 일산화탄소 때문에 뇌는 검어지고, 뇌의 발육도 퇴행되어 지능도 저하된다.

콜럼버스가 유럽에 들여온 '담바고'가 일본을 거쳐 우리 나라에 상륙

한 이후, 담배의 사연은 많기도 하다. 담배로 생긴 화재만 해도(산불까지) 그 피해를 이루 다 계산할 수 없다. 그런데 1993년의 보고에 따르면 우리 나라 흡연 인구는 북한이 세계 3위, 남한은 12위로 세계 상위이다.* 무슨 고민들이 그리 많아 그렇게 피워 댔는지.

게다가 우리가 피우는 담배 중에 미국, 일본 담배가 7퍼센트를 차지하고 여성의 흡연율도 빠르게 증가하고 있다고 한다. 멋을 좋아하는 여성들이 야멸차게 양담배의 맛을 즐기고 있단다. 그 구실은 체중 조절에 담배가 좋다는 것이다.

사실 담배는 이렇게 몸무게까지 줄게 할 정도로 나쁜 것이다. 담배 속의 니코틴은 피에 녹아서 이자(췌장)로 흘러가 랑게르한스섬(Langerhan's islet)을 자극하여 인슐린의 분비를 증가시키고(적당히 나와야 정상인데), 이 인슐린은 몸의 당을 분해하여 체중을 줄게 한다. 그렇다면 당뇨병 환자들은 인슐린 주사를 맞을 필요 없이 담배를 계속 피우면 되겠다고 생각할 수도 있을 것이다. 그러나 그렇지 않다. 당뇨병인 사람은 이미 이자의 랑게르한스섬의 세포들이 망가져서 인슐린 자체를 만들어 내지 못하는 사람들이다.

담배 끊기는 죽기보다 더 어려운가 보다. 머리가 아프고, 신경질이 나고, 팔에 힘이 없어지고, 목이 조여 오고, 어지럽고……. 이 모두가 금단 증상이다.

이제 우리는 섣불리 한쪽으로 기울어지는 세련되지 못한 사고와 행동

---

* 우리 나라 국민의 흡연율은 세계에서 가장 높은 축에 속한다. 특히 20, 30대의 흡연율은 70~75 퍼센트에 육박해 세계적인 기록이다. 또 15~19세의 청소년 흡연율은 1980년에는 20퍼센트 수준이던 것이 최근에는 40퍼센트 이상으로 두 배 이상 증가했다.

을 버리고 합리적인 평형감각을 가져야겠다. 우리 몸의 주인은 뇌세포인가 아니면 체세포인가. 담배만 해도 백해백익으로 평가해 주어야겠고, 교도소와 암병동을 동시에 생각할 줄 아는 균형감각이 있어야 하겠다.

쌀 한 톨에 공덕이

벼의 학명은 '오리자 사티바 린네[*Oryza sativa* Linnaeus]'이고 인도 쪽의 열대지 방이 원산지다. 품종은 세계적으로 5천여 종이 넘는다. 우리 나라도 아끼바레, 통일, 만경, 재건 등 10여 품종을 재배하고 있는데, 곧 '슈퍼라이스'라는 보통 벼의 두 배 를 수확할 수 있는 괴물 같은 벼가 나온다고 한다.

벼는 크게 일본형(Japonica type)과 인도형(Indica type) 으로 나뉜다. 우리가 먹는 쌀은 주로 일본형인데, 일본형 은 쌀알이 짧고 둥글며 인도형은 길고 가늘다. 또 일본형 은 찰기(점도)가 많아 밥알이 서로 엉겨붙으나 인도형은 밥풀이 펄펄 난다. 한국, 일본, 중국 등지에서는 일본형을 주로 재배하고 미국, 태국, 인도 지역은 거의가 인도형인 데 그 민족의 혀(맛)의 특성과 관련이 있다.

쌀은 한자로 '米(미)'로 쓴다. 이 글자를 분해해 보면 八十八(팔십팔)이 되는데, 쌀 한 톨을 수확하기까지 여든

여덟 번의 손길이 간다는 뜻이기도 하고 그만큼 식량으로서 중요하다는 뜻이기도 하다. 여든여덟 나이를 미수(米壽)라 하여 축하하고 귀한 분으로 모시듯이.

필자가 어릴 때만 해도 정성들여 못자리를 만들고, 줄을 맞춰 이앙(모내기)을 하고, 피사리(잡초인 피를 뽑아 내는 일)를 몇 번이나 해야 했다. 모심기도 힘들지만 손가락 끝에 대나무 골무를 끼고 벼 포기 사이를 두더지처럼 기면서 땅을 긁는 논매기는 더 힘들다. 허리가 아픈 것은 참을 수 있으나 논의 뜨거운 열기와 칼날 같은 볏잎이 팔과 얼굴에 상처를 내 피가 나는 것은 참기 어려웠다. 그래서 모심기와 논매기 때 부르던 농요(노동요)가 있었던 모양이다. 노래는 아픔을 치료해 주는 선약이요, 단약이다.

그때는 비료와 농약이 없었던 때니 지금 말하는 완전한 유기농법이었다. 비료가 없는 대신 산의 풀을 해다가 퇴비를 만들었고, 동리마다 '퇴비 증산'이라는 현수막이 나붙어 있었다. 지금은 퇴비 한줌 없이 비료로만 농사를 지으니 온 나라 땅이 모두 산성 체질에 당뇨병까지 걸려 있다.

이 지구에서 사람의 가장 강한 적은 무엇(누구)일까? 사실은 사람은 사람과 싸우는 게 아니라 곤충과 싸우고 있는 것이다. 그것도 파리, 모기, 개미, 바퀴벌레 같은 것들이 아니라 벼, 옥수수, 사과나무, 배나무 등을 먹어 치우는 곤충과 말이다. 오늘도 들판과 과수원에서 농약이라는 무기를 들고 그들과 한바탕 전투를 치르고 있다. 그 덕분에 무기를 든 우리 역시 '농약중독'이라는 새로운 적에게 포위되어 버렸다. 그 최전선에서 용감하게 싸우는 투사가 바로 농부들이다. 저 곡식과 과일을 곤충이 먹느냐 아니면 우리가 먹느냐는 목숨을 건 처절한 먹이 싸움이다. 곤충이 새로운

전술을 개발하면(돌연변이를 일으켜 새로운 종이 생긴다) 우리도 새로운 무기(농약)를 개발하고, 그들의 공격에 끄떡도 않는 내성종도 새로 개발한다.

수확량이 많은 통일벼를 개발했을 때만 해도 '녹색혁명' 운운하며 이제는 쌀 걱정 안 하게 됐다고 흥분했던 것이 1970년대 초의 일인데, 이제는 그 영광도 어제의 일이 되어 조용히 퇴역당하고 있는 실정이다. 게다가 강죽(糠粥, 쌀 속겨로 쑨 죽)으로 연명하던 것이 언젠데 이제 쌀이 남아돈다고 졸갑을 떤다. 밥을 적게 먹고 밀가루 음식과 고기를 많이 먹어 쌀 소비량이 줄고는 있다지만 전체적인 식량 자급률이 '새 발의 피' 밖에 안되는 36퍼센트 정도라는 통계이고 보면 두려운 생각이 든다. 64퍼센트의 곡식을 수입해다 먹는 형편에 쌀이 남아돈다는 자가당착에 빠진 것이다. 1960년대의 일을 우리는 잊어서는 안 된다. 식량을 무기로 삼는 식량전쟁을 우리는 이미 경험하지 않았는가.

미국이 식량 원조를 끊었을 때 일본에 구걸하다시피 해서 비싼 쌀을 사들여와도 쌀은 턱없이 부족하고 그래서 값싼 밀가루를 사다가 '입에 풀칠'을 했던 때가 우리에게도 있었다. 입에 맞지 않아 먹기 싫어하는 밀가루를 먹으라고 '분식을 장려' 했고, 그렇게 반강제로 먹는 것까지 간섭을 받은 적이 있다. 지금도 몇몇 나라가(미국, 호주, 캐나다 등) 수틀려 담합이라도 하는 날이면 식량은 당장 가공할 무기로 돌변해 세상 사람을 굶겨 죽일 수도 있다. 영원한 우방도, 영원한 적도 없는 것이 냉혹한 현실이니 그 점을 잊지 말고 항상 준비해 둬야 할 것이다. 36퍼센트는 너무 위험한 수치다.

쌀이 남아돈다는 것은 아무래도 밀가루 음식을 많이 먹는 데도 원인이 있다. 그놈의 분식 장려 때문에 내 혓바닥도 밀가루에 적응하여, 끼니를 때우기 위해 억지로 먹었던 '수제비'가 이제는 맛난 수제비로 바뀌고 말았다. 역사의 아이러니라고나 할까. '분식 장려'가 '쌀이 남아돈다'를 만들었으니 말이다.

이런 무서운, 아니 비참한 일도 있었다. '그때 그 시절'의 선생님들은 점심시간만 되면 출석부를 들고 자기 반 교실로 달려가 청소할 놈들을 골라 내야 했다. 소위 말하는 도시락 검사시간이다. 밥에 보리가 30퍼센트 이상 섞인 학생은 착한 사람이 되고, 그 이하이면 벌 청소로도 모자라 생활기록부에도 '국가관'이 좋지 않은 것으로 낙인 찍혔다. 그것을 실천한 꼭두각시가 바로 나였다. 사회의 목탁(木鐸)이 되어야 할 선생이 괴뢰가 되었으니 아이들의 머리에 무엇을 넣어 줄 수 있었겠나. 생각하면 지금도 너무 부끄럽다. 위는 보리밥인데 아래는 쌀밥인 학생을 굳이 찾아 내 '위선자'로 매도했던 내가 아닌가. 학교에서는 보리밥, 집에서는 쌀밥을 먹는 이중 인격자를 누가 만들었느냐는 것이다. 교육이 정치에 휘둘려서는 안 된다.

지금도 나는 보리밥을 싫어한다. 집에서는 물론이고 교수들과 어울려 어쩌다 '보리밥집'에 가더라도 나는 다른 음식을 시켜 먹는다. 꽁보리밥에 질려 뇌에 '싫다'는 조건반사 중추가 콱 박인 탓이다. 아이들의 도시락 검사를 하고 집에 돌아온 어느 날, 전셋집이지만 아이들의 정서를 위한답시고 키우고 있던 닭에게 쌀과 보리쌀을 섞어 흩어 주었다. 아니나다를까. 요놈들이 쌀만 전부 골라 주워 먹고 마당에는 보리쌀만 하얗게 남는 게 아닌가! 그 기억이 너무도 생생해서 지금도 그 생각만 하면 가슴이 콩닥거린다. 다음 날부터 나는 도시락 검사를 반장에게 맡겨 놓고 교실에는 얼씬도 하지 않았다. 교장 선생님의 빗발치는 질타에도 '달팽이 뚜껑 덮듯이' 입 다물고 묵비권을 행사했고, 못 들은 척 '한 귀 줘 놓고' 지내 버렸다. 그 시절을 생각하면 지금도 우울하고 심란해진다. 이런 마음들이 모여 '전교조'의 모태가 되지 않았나 싶다.

"쌀은 완전 식품이다." 그렇다. 사실 쌀은 탄수화물, 지방, 단백질이 다 들어 있다. 물론 단백질과 지방이 부족하기는 하지만 다른 곡식에 비하면 거의 완전한 영양소를 갖추고 있다. 단백질이 7퍼센트라면 믿어지지 않을지 모른다. 그러나 밥에서 김이 모락모락 오를 때 나는 구수한 냄새가 바로 단백질의 냄새다. 산모가 젖이 안 나올 때 쌀미음을 쑤어 먹여 키워도 아이가 큰 탈 없이 자라는 것을 보아도 쌀이 풍부한 영양소 덩어리라는 것을 알 수 있다.

한 방울의 물에도 천지의 은혜가, 한 톨의 알곡에도 땀과 정성과 무한한 공덕이 들어 있는 것이다. 우리 모두 금쪽 같은 쌀 한 톨의 의미를 되새겨 봐야 하겠다. 농자천하지대본(農者天下之大本)이란 말이 허튼 소리가 아니길!

채집기

1963년 대학원에 입학하면서부터 패류(貝類)를 전공하기 시작했으니 그놈의 달팽이, 조개 채집도 30년이 넘었고, 그 동안 강산도 세 번이나 바뀐 셈이다. 한눈팔지 않고 오로지 외곬으로 그놈들과 싸우다 보니 그래도 무덤에 가져갈 책 '패류 도감' 두 권을 만들어 놓기는 했으나 들여다볼수록 낯이 뜨거워 책장을 덮어 버리고 만다. 사진이 마음에 안 드는 것, 인쇄가 잘못된 것, 더 채집해야 할 것 등 문제가 없지 않기 때문이다. 하지만 만족은 곧 정지를 의미하고, 정지에서는 발전이 있을 수 없으며 그것은 이미 퇴보라는 것을 알기에 틈만 나면 배낭을 메고 어딘가로 달려간다.

어디를 가도 그곳에는 내 친구들이 나를 기다리고 있고 반갑게 맞아 주기에 나는 행복하다. 산에는 달팽이(육산패), 강에는 민물조개(담수패), 바다에는 바닷조개(해산패)들이 나의 벗이다. 사실 필자만큼 우리 나라를 구석구석 다 돌아다닌 사람도 드물 것이다. 민물고기를 전공하는 사람은 강이 주 무대고 곤충학자는 산과 들, 육상식물 분야는 주로 산, 해산식물 분야는 바다 등으로 연구 지역이 한정되어 있지만 나는 강, 산, 바다 모두가 나의 활동 무대다.

태어나면서부터 역마신이 끼어 그런지 멀미도 하지 않는데, 한번은 울릉도에 다녀오면서 속절없이 당한 적이 있었다.

다녀 보지 않은 곳이 없는 내 눈에도 울릉도가 풍광 좋기로는 제일이다. 배 위에서 사방을 아무리 훑어봐도 수평선뿐이었는데 어느 새 뱃머리쪽 바다 위로 검은 점 하나가 나타나 갈수록 커지더니 결국은 그 품 속으로 배가 빨려들어갔다. 비 오는 날의 도동 입구, 높은 바위 절벽 사이로 사람들이 발빠르게 달려나오고 다시 흙내음을 맡았다. 울릉도에는 뱀이 없고 모기가 없다. 뭍에서 가져가 날려 보낸 까치들은 이제 보금자리를 틀고 잘들 사는지 모르겠다. 사동의 흑비둘기와 성인봉의 너도밤나무가 유명하고, 그 많던 향나무는 천둥번개가 치는 비 오는 한낮에 다 잘렸다고 한다. 도동 입구의 산등성이에 큰 향나무 하나가 울릉도의 수호신목처럼 외롭게 서 있을 뿐이다. 그래도 섬이 생기면서 같이 태어난, 세상에서 이 섬에서만 서식하는(울릉도 특산종인) '울릉도달팽이'는 지천으로 널려 있어 '울릉도는 내 땅'임을 자랑하고 있다. 또 바다 속에는 두 주먹을 모은 크기만한 납작소라가 여유작작 기어다닌다. 대낮같이 불을 밝힌 배들이 바다 저쪽에서 밤새도록 오징어를 잡고.

이렇게 바다 위에 떠 있는 아름다운 섬을 '아듀' 하고 떠나온 큰 배도 그 넓은 바다 위에서는 한낱 가랑잎일 뿐이라 앞뒤로, 옆으로 종잡을 수 없게 흔들어 대니 내 뱃속인들 견딜 수가 있나. 멀미를 피하기 위해서는 배의 제일 아래칸으로 내려가 배가 흔들리는 방향으로 머리, 다리를 두어야 한다. 예컨대 배가 앞뒤로 흔들릴 때는 뱃머리 쪽으로 머리를 두고 뒤쪽으로 다리를 뻗는다. 또 오징어를 씹거나 인삼을 배꼽에 붙이곤 한다. 멀미약(몸에는 매우 해로운 것이니 아주 심할 때가 아니면 피하는 것이 좋다)이 없었을 때라 인삼도 효과가 있었는지 모르겠다. 혼자면 그래도 참아 보겠는데 옆 사람들이 악! 억! 하고 꽥꽥 토해 대면 어쩔 수 없이 '같은 배'를 탈 수밖에 없다. 그날처럼 심하게 흔들어 대면 멀미약도 무용지물인 것이다. 똥물까지 다 토하고 나서 포항 부두에 내렸을 때는 다리가 휘청거리고 하늘이 노랗게 보였다.

그러나 이렇게 자연에게 당하는(?) 것은 인력으로는 어쩔 수 없는 것으로 치부하고 넘어가지만 사람 때문에 곤욕을 치를 때는 부아가 난다.

거제도에서 며칠 동안 채집을 하고 배 사정이 좋지 않아 육로를 이용해 부산 서면 근방의 시외버스 정류장에 내렸을 때는 이미 해가 지고 가로등이 환하게 켜져 있었다. 수정동에 큰댁이 있어서 시내버스를 타야 했는데 어느 쪽으로 가야 할지 방향감각을 잃고 말았다. 며칠을 굶다시피 했고 몇 시간을 터덜거리는 버스에서 시달렸으니 머리 속이 텅 비어 그럴 만도 했다. 버스 정류장에서 애써 방향을 찾아 봤지만 소용이 없어 지나가는 사람들에게 물어물어 버스를 탔다.

그런데 이놈의 버스는 정류장을 무시하고 내빼기 시작했다. 버스 안의 사람들이 "보소, 운전수 양반, 와이라요? 와카는 기요……" 고함을 질러 댔으나 안내양의 "신고 들어왔다 말입니더" 한마디에 모두가 꿀 먹은 벙어리가 되어 서로 두리번거릴 뿐이었다. 나도 앞뒤 사람을 훑어보면서 혹시 주머니에 몇 푼 남아 있던 것이 그대로 있나 손을 넣어 확인하고 있는

데 버스가 급정거했다. 안내양은 파출소 문을 박차고 들어가고, 운전수는 "거 문 닫으소"라고 고함을 치는데 그 음성이 약간 떨리고 있는 것 같아 나도 큰일이 났는가 보다 싶어 매우 불안했다.

버스가 서면에서 떠날 때 어떤 흰옷 입은 남자가 안내양의 귀에다 뭐라고 하고는 뛰어내렸고, 안내양이 황급히 사람 사이를 쑤시고 들어가 운전수한테 뭐라고 했고, 그러자 버스는 계속 달렸고……. 이런 여러 가지 추리를 해 보고 있는데, 순경 두 사람이 총을 앞으로 하고 안내양을 앞세워 차 안으로 들어왔다. "그 사람이 누구야?"하는 질문에 안내양의 떨리는 손가락이 나를 향하는 게 아닌가. 기가 찰 노릇이었다. 거문도에서 당한 일이 머리를 스쳐갔다. 아까 신고 운운하던 신고가 간첩신고고, 서면의 그 사나이가 내 행동을 수상쩍게 생각했던 모양이다. 퍼런 배낭에 찢어진 파카를 입고 서울말씨가 약간 섞인 사투리로 "수정동 가려면 어느 쪽으로 가느냐?"고 묻는다. 배낭 한쪽에 삐죽 튀어 나온 망치가 무슨 무기 같다. 며칠이나 빗지 않은 머리에 수염까지 제법 길다(나는 채집을 떠나면 끝날 때까지 면도를 하지 않는 악습이 있다). 이렇게 따져 보니 누가 봐도 영판 간첩의 몰골이다.

파출소로 끌려들어가 코펠, 버너, 채집 도구, 참고문헌, 채집품을 체포된 간첩의 소지품처럼 책상 위에 펼쳐 놓았다. 운전수와 안내양은 파출소로 따라 들어와 내가 꺼내 놓는 물건 하나하나에 의혹에 찬 눈길을 꽂고 있었고, 손님들은 간첩 잡는 모습을 구경하느라 유리창 밖에 서서 두려움 반 호기심 반으로 들여다보고 있었다.

다음은 산에서 일어난 독사와의 싸움 이야기다. 필자의 집은 경상남도 산청군의 남쪽에 위치한 단성면의 지리산 쪽인 백운리(白雲里)라는 작은 오지 마을이다. 삼우 문익점 선생께서 목화씨를 훔쳐 오셔서 처음 심은 곳, 그리고 열반하신 큰스님 성철 종정이 태어나신 곳이 바로 단성면이고, 집에서 이십 리만 더 들어가면 지리산 등반로가 시작되는 대원사가 나온다. 나는 건방지게도 그 지리산의 기(氣)가 내 몸에 배었다고 믿고 있다. 그러니 나의 기를 내가 누를 수는 없는 일이라 지리산을 아직 오르지 않은 산으로 아껴 두고 있다. 그 기가 엷게 뻗치고 있는 집 뒷산에 올라가, 폭포 옆에서 달팽이를 채집하고 있었다.

껍데기가 없는 긴 민달팽이인 '산달팽이'를 잡아 들고 요리조리 들여다보았다. '그놈 참 크다. 옛날에는 짝불알인 아이들에게 구워 먹였다지. 구우면 맛이 있겠다. 그리고 이건 독버섯을 먹고 살지' 이런 생각을 하면서 큰 바위 밑으로 다가가 돌을 하나하나 뒤집어 보며 '배꼽달팽이'를 찾고 있을 때였다. 이마에 뭔가가 스쳐가는 듯한 뭔가 찜찜하고 불길한 예감에 고개를 들어 앞을 보는 순간, 전신이 오그라들고 머리카락이 쭈뼛 곤두섰다. 똬리를 틀고 있는 독사, 대가리를 쏙 내밀고 나를 쏘아 보고 있는 것은 움직이지 않는 눈을 가진 살모사가 아닌가. 배를 찢어 어미를 죽이고 나온다는 바로 그 살모사(殺母蛇). 모골이 송연하다는 말은 바로 이럴 때 쓰는 말일 것이다.

여름 채집에서 가장 경계해야 할 것이 바로 독뱀이다. 그래서 채집을 시작하기 전에 꼭 작대기로 몇 번 근방의 풀숲을 훑어 이놈들을 쫓아 버려야 한다. 내 고향 사람들도 독사에게 물려 고생하는 것을 여러 번 보았는데, 독사에게 물리면 그 독사의 독을 항원으로 해서 만든 항체주사를 맞아야 하지만 시골에서는 어려운 일이라 대부분 '몸으로 때워' 오랜 고생 끝에야 낫는다.

독사에게 물리면 우선 아무 끈이나 좋으니 심장 가까운 쪽을 꽉 묶고 나서, 물린 자리를 칼로 가르고 피를 흘려서 독이 씻겨 나가도록 해야 한다. 입으로 상처 부위를 빨다가는 입 안의 상처로 독이 들어가 더 위험할 수도 있다. 뱀의 독액은 신경계에 작용하여 눈을 멀게 하거나 횡격막을 움직이지 못하게 하여 호흡곤란을 일으킨다. 또 적혈구를 파괴하거나 혈관을 녹여 혈장이 조직으로 흘러나오기 때문에 상처 부근의 조직이 체액으로 차 오르게 된다.

난 나도 모르게 큰 돌을 들어 뱀에게 메방(위에서 세게 내리치는 것)을 주어 그놈을 처참히 죽였다. 내가 피하거나 그냥 쫓아 버려도 될 일이었는데 말이다. 어쨌든 난 살생 후에 기분이 좋지 않은 상태에서 채집을 계속했다. 생때같은 목숨을 죽였으니 받아야 할 벌이 기다리고 있었다. 아차 하는 순간 오 미터 아래의 낭떠러지로 미끄러져 내려가 고꾸라진 것이다. 정신을 차려 보니 지금까지 뼈빠지게 헤매면서 채집해 놓은 채집병은 어디로 날아가고 빈손만 움켜쥐고 있었다. 이런 때를 망연자실이라고 하던가. 참담하고 처연한 짧은 순간이 지난 다음 병을 찾아 풀숲을 열불 나게 뒤지기 시작했다. 넋이 나간 사람처럼 '독사눈'을 뜨고 병을 찾았다. "아, 찾았다!" 소리가 저절로 터져나온 순간 정강이에선 피가 줄줄 흐르고 있었다. 지금도 다리에 그 흉터가 크게 남아 있다.

내 생명만큼이나 다른 생명도 귀한 것이다. 오늘도 무슨 일이 있어도 살생은 하지 않겠다고 거듭 다짐을 해 본다.

홀알도 새끼를 친다

　　같은 물도 소가 마시면 젖이 되고 뱀이 마시면 독이 되듯, 같은 말도 '아' 하면 성구(聖句)가 되고 '어' 하면 독설(毒舌)이 된다.

　　두 친구가 감방에 들어갔는데 삼 년 후에 한 친구는 시인이 되고 또 한 친구는 미쳐서 나오더라고 한다. 이 세상이 교도소와 뭐가 다른가. 일체유심조(一切唯心造)라, 마음먹기에 따라 이렇게 달인도 되고 폐인도 된다.

　　개똥밭에 굴러도 이승이 저승보다 좋고, 살아 본 사람들 모두가 살아 볼 만한 세상이라고 하니 힘껏 살아 볼 일이다. 착한 일만 하며 살기에도 짧은 인생이라니 나쁜 일 하지 말고.

　　꿀을 만드는 벌은 사회생활을 하는 대표적인 동물로, 그들의 사회는 계급제도 철저한, 여왕이 지배하는 암놈 세상이다. 벌의 한 집단은 적으면 3만, 많으면 8만 마리까지 되는데, 한 마리의 여왕벌과 수십 마리의 수벌, 그리고 일벌로 구성되어 있다.

뒷산 꿩이 우는 따뜻한 봄날이면 벌들이 떼를 지어 나는 것을 흔히 볼 수 있다. 여왕벌과 수벌이 짝짓기하는 밀월여행 중이다.

여왕벌은 여러 마리의 수벌과 짝짓기하여 정자를 받아 저정낭(貯精囊)이라는 주머니에 저장해 놓고 필요할 때 꺼내 쓴다. 알을 낳으면서 주머니를 열면 정자가 쏟아져 나와 수정이 되어 2n(배수체) 상태의 새끼가 되고, 주머니를 닫은 채로 알을 낳으면 수정되지 않은 n(단수체) 상태의 새끼가 된다.

여왕벌과 일벌은 다 같이 배수체로 태어났으나(유전적으로는 똑같다) 여왕벌은 큰 방에서 로열 젤리를 먹으며 호의호식한 놈이고, 일벌은 못 먹은 놈이라 내시처럼 중성이 되어 일만 한다. 영양분이 성의 특징을 결정지은 것이니, 아이들을 어릴 때부터 골고루 잘 먹여 건강하게 키워야겠다.

수벌은 정자가 들어가지 않은 홀알, 즉 무정란이 발생해서 된 놈이다. 수놈의 정자가 들어간 수정란이 발생하는 것이 자연계의 주된 발생 방법이지만 이렇게 홀알이 발생하는 경우도 흔히 있는 일이다. 이것을 '처녀생식'이라고 한다. 아비의 염색체 없이 어미의 염색체만으로(염색체 수가 반이다) 발생이 가능한 것도 자연의 오묘함이요, 신비가 아닌가.

동동주를 파는 춘천 근교의 어느 술집에서는 가는 손님들에게 달걀을 하나씩 준다. 나중에 알고 보니 그 달걀은 홀알이 아니고 수탉의 정자가 들어 있는 유정란(有精卵)으로, 기가 넘치는 살아 있는 알이라서 양기(陽氣)에 좋단다. 닭똥 묻은 달걀도 정력에 좋다니 이빨에 탁탁 쳐 깨뜨려 쭉쭉 빨아 마신다. 닭장 속에서 항생제 듬뿍 섞인 모이(사료)만 먹고 낳은 홀알과, 울 너머 밤나무 밑에서 지네도 잡아먹고 텃밭에서 상추도 뜯어먹고 두엄더미에서 집게벌레도 잡아먹은 씨암탉이 수탉의 정자까지 받아 낳은 씨알은 다를 수밖에 없다.

처녀생식은 식물의 진(즙)을 빨아먹고 사는 진딧물에게서도 볼 수 있다.

진딧물의 암놈은 봄철에는 수놈과 짝짓기하지 않고 미수정란을 낳는데, 유전적으로 반쪽인 이 알에서 새끼가 나오면 전부가 암놈이 되고 이 새끼들이 커서 또 알을 낳아도 모두 암놈이 된다. 이렇게 하면 수놈이 생기지 않기 때문에 번식률이 매우 높아지게 되고, 짝짓기에 에너지를 쓰지 않으니 알을 만드는 데 모든 힘을 쏟을 수 있다는 이점이 있다. 정말 그 수가 기하급수적으로 늘어난다.

그러나 늦가을이 되면 암·수가 짝짓기하여 수정란을 만들고, 그 상태로 겨울을 보낸다. 봄과 여름의 미수정란을 여름알이라 하고, 가을의 수정란을 겨울알 또는 월동란이라 하는데, 추운 겨울을 넘기는 데는 그래도 정자를 받은 수정란이 유리한 모양이다.

벌이나 진딧물 외에도 달걀이나 타조알(미수정란)에 여러 가지 방법으로 충격(자극)을 가해 인위적으로 발생을 유발한 실험도 많이 보고되어 있다. 그렇다면 동물 수놈의 의미란 무엇인지 한 번쯤 생각해 볼 일이다.

마지막으로 한 가지만 덧붙여 본다. 개구리의 알에서 염색체가 들어 있는 핵을 빼내고 거기에 개구리 창자 세포의 핵을 집어넣어 발생시켜서 개구리가 되게 하는 실험이 있다. 또 생쥐 난자의 핵을 제거하고 다른 생쥐의 핵을 이식한 후 또 다른 암놈의 자궁벽에 붙여 발생시키는 실험도 가능하다.

이런 기술들을 동원해 어미의 난자와 아비의 정자를 시험관에서 수정시켜 어미의 자궁벽에 착상시켜 아기를 낳게 하는 것이 '시험관 아기' 다. 골목마다 애들이 넘쳐나는데도 아기가 없는 집에서는 시험관 아기라도 얻고 싶은 것이다. 우리의 세포 하나하나 속에 '작은 나' 가 들어 있다는 것도 세포의 우주성을 말해 준다.

여왕벌의 알에 기(氣)를 넣어 주었던 수벌은 가을이 되면 눈썰미 좋은 경비병 일벌들에게 쫓겨나 나그네 신세가 되거나 물려 죽는다. 하지만 이것을 매정하다고만 할 수 있을까. 쫓겨나는 수벌은 애걸도 반항도 하지 않고 그저 자연의 섭리로, 숙명으로 받아들인다.

필자도 남자지만 수벌의 운명을 접할 때마다 깊은 동정이 간다. 예로부터 우리 나라 남자들은 사랑방에서 담뱃대나 두드리며 큰소리만 쳤지 허리춤에 매인 굵은 끈은 안채로 이어져 있어서 정작 끈을 당겼다 놓았다 하는 것은 안방마님이셨다.

월급봉투를 받아도 "귀하의 수고를 치하합니다" 하는 한 줄의 글귀밖에, 속은 텅 빈 봉투이다. 그래도 옛날에는 조금씩 빼돌려 술빚도 갚고, 새끼줄로 질끈 동여맨 간갈치도 사 들고 갔고, 아이들에게 먹일 빵떡도 몇 개쯤 사 가지 않았던가. "월급날이 되면 쓸쓸해진다"는 유행가 가사가 있기는 했지만 그래도 큰기침 한번 하고 대문을 들어섰다. 그런데 도대체 어떤 분께서 그따위 생각을 해 냈는지 모르겠다. 월급을 몽땅 은행에 바치는 이 제도를. 왜 응당 누려야 할 삶의 맛과 멋, 여유까지 빼앗는가.

돈이란 돼지같이 더럽다는 뜻도 있고 돌고 돈다는 뜻도 있다고 하지만, 모두가 돈에 퉁때(엽전에 묻은 때)가 올라, 우는 아이들도 이제는 곶감으론 어림도 없다. 모두가 돈만 보면 헤헤 웃는 세상이 아닌가. 경제권을 빼앗긴 사나이의 무력감을 아는가. 처성자옥(妻城子獄)이라 하던가. 계집은 성이요 자식은 바로 감옥이란 뜻이니, 남편 노릇 아비 노릇 하기가 이렇게 어려운 것을.

미친놈 많은 세상이 살맛 난다

아버지는 매일 밤 술에
취한다. 어머니는 술 취한 아버지가 싫다. 아버지는 무명 화가
이고 어머니는 보통 사람이다. 무명 화가와 어머니는 매일 밤
부부싸움을 한다. 딸은 언제나 어머니 편이다. 딸은 술 취한 아
버지가 죽도록 싫었다. 아무도 알아 주지 않는 그림을 아버지
는 매일 그린다. 그러던 어느 날 아버지가 뇌일혈로 쓰러졌다.
병원으로 옮겨진 후 천운(天運)으로 다시 살아난다. 몇 년을 더
살다가 아버지는 다시 쓰러지고 영영 돌아오지 못하는 세계로
간다. 처음 쓰러진 후부터 돌아가시기 전까지 아버지는 술을
입에 대지도 않았다. 산송장같이 매일 지하실에서 혼자 살았
다. 딸은 아버지가 무서워서 지하실에 내려가 본 적이 없다. 딸
은 아버지가 지하실에서 어떤 시간을 보냈는지 모른다. 딸과
지하실의 아버지 사이에는 벽이 있었다. 아버지가 돌아가신 후
처음으로 딸은 지하실에 내려간다. 수십 장의 완성된 아버지의
그림을 본다. 모두가 처음 보는 그림이다. 딸은 아버지의 그림

이 좋다. 아버지에게 이런 면이 있으셨구나 싶었다. 보통 사람인 어머니 앞에서 아버지는 얼마나 외로웠을까 싶었다. 지하실 그림을 보면 볼수록 딸은 죽은 아버지가 그리워진다. 딸은 그 동안 어머니 편이었던 것을 후회한다. 상식인인 어머니 같은 세상, 이 세상 앞에서 아버지가 얼마나 외로웠을까 싶었다. 딸은 이 세상 역시 아버지의 외로움을 끝내 알아 줄 날이 없음을 알고, 지하실을 통곡의 벽으로 만든다. 일생 동안 무명 화가로 살다 가신, 헛수고만 하고 가신 아버지의 그림이 통곡의 벽이 된다. 어떠한 개혁이 이러한 아버지의 수(數)를 줄게 할까. 어떠한 개혁이 무명의 시심(詩心)을 가장 소중하게 여기는 사회를 만들까. 경제만이 아니다. 시심(詩心)이 편히 사는 '문화사회' 는 기어이 만들어져야 한다.

한국예술종합학교 이강숙 선생님의 글이다. 주제에서 벗어난 글일지는 몰라도 독자들도 꼭 읽었으면 해서 여기에 실었다. 우리는 과연 이 딸의 아버지처럼 그림 몇 장이라도 남기고 죽을 수 있을까. 호랑이 껍질보다 못한 이름 하나 남기기가 그렇게 쉽지 않다. 세상은 모두 제 잘난 맛에 산다지만 알고 보면 모두가 허상이다.

문학, 예술, 과학 어느 분야나 죽어 이름을 남긴 사람들은 모두가 범상치 않았던 이들이다. 보통은 결국 평범밖에는 남길 수가 없기 때문이다. 나는 강의시간에 "특별한 사람이 돼라(Be extraordinary)!"고 강조하고 또 강조한다. 달리 말하면 무엇엔가 미친 사람이 되어야 한다는 것이다. 예술가의 개성, 문학인의 집념, 과학자의 통찰력을 겸비하면 더 좋다. 인생은 짧고 예술은 길다고 했다. 여기서 예술이란 역사에 기록될 만한 모든 것을 말한다. '통곡의 벽' 을 만들었던 이 딸의 아버지는 기인(奇人)에 속하는 '미친' 사람이었고, 그 광기(狂氣)를 그림으로 승화시켰던 것이다.

광기 있는 사람이 많은 나라가 부국(富國)이다. 세계의 일인자가 되겠다는 집념의 광인(狂人)이 많은 나라가 좋은 나라가 되지 않을 수 없다. 남이야 알아 주든 말든 상관없이 하나에 일생을 걸고, 그것이 즐거워 사는 사람이야말로 도를 터득한 진인(眞人)이 아니고 무엇이겠는가. 미친놈이 많은 세상은 살아 볼 만하다.

딴 이야기지만 미국에 일 년 있는 동안 경험한 일 몇 가지를 소개한다. 미친 사람이 제일 많은 나라가 아마 미국인 것 같다. 미국은 민족 갈등, 물질 만능, 개인주의, 백인 우월 사상, 빈부 격차 등 문제들이 많지만 그래도 세계에서 힘깨나 쓰는 일등국이다. 땅이 넓어 자원이 많다지만 그 자원도 개발하지 않으면 흙 속의 금일 뿐이다. 그러니 200년을 겨우 넘긴 나라가 저렇게 강한 나라가 된 것은 미친 사람이 많았기 때문이다.

미국에 있는 동안 나는 그런 생각으로 신문도 읽어 보고, 여기저기 다녀도 보고, 실험실과 도서관도 기웃거려 보았다. 미국사람들이 미식축구와 야구를 왜 그렇게 좋아하는지 나름대로 분석도 해 보았다. 나무 자르는 벌목일 다음으로 위험한 것이 미식축구라고 하는데 그 운동이 마치 국기(國技) 같았다. 또 모든 경기가 선을 그어 놓고 그 안에서 이루어지는데 야구라는 경기는 일부에만 선이 있고 선 밖으로 멀리 보낼수록 좋은 경기다. 그것이 홈런이다.

이 두 경기는 우리의 땅따먹기나 자치기 놀이와 비슷하나 그 속에는 그들의 개척정신과 모험심이 들어 있다. "서부로 가자"라고 외치면서 인디언과 싸우며 땅을 따먹어 들어가던 그 개척정신에는 당연히 모험이 따른다. 이들은 지금도 운동장 안에서 서부로 달리고 있는 것이다. 서부로 향했던 사람들은 분명 모험심이 충만한 '미친 사람들' 이었다. 새로운 세계에 대한 동경과 호기심으로 인디언의 독화살도, 끝 모를 황야도 두렵지 않았던 사람들이 있었기에 지금의 미국이 있는 것이다. 이런 무서운 피가 그들의 핏줄기 속을 흐르며 운동장에서뿐만 아니라 실험실에서도, 원고지 위에서도, 화폭 위에서도 들끓고 있는 것이다.

사실 인디언은 우리의 사촌뻘이다. 한 무리는 베링 해협을 건너 아메리카 대륙으로 가고 다른 무리는 아래로 내려와 지금의 우리가 됐다고 하니. 엉덩이에 우리네처럼 몽고반점이 있다는 것은, 한 인디언 후예에게서 내가 직접 확인한 일이다. 어릴 때 영화를 보며 우리는 백인이 쏜 총알에 인디언 추장이 맞아 고꾸라지면 고함을 지르며 박수를 쳐 댔다. 이렇게 어릴 때부터 백인 우월 사상을 가르쳤고 배웠다. 하지만 원래 미국은 우리 사촌의 땅이었다. 그런데도 아직도 초등학교에서는 콜럼버스를 위대한 사람이라고 가르치고 그를 미화하는 공부를 시킨다. 피는 물보다 진하다고 하는데…….

여하튼 미국 사람들은 너무나 검소하고 소박하다. 또 남의 이목을 별로 의식하지 않으며 살고 있다. 동료 미국인 교수 부부와 함께 여섯 시간을 달려 오대호의 하나인 미시간 호에 채집을 갔을 때다. 그곳에 도착하자 그는 부인과 내게 조금 기다리라고 하더니 얼마 후에 짧아진 머리를 만지며 돌아왔다. 왜 여기까지 와서 이발을 하느냐고 물었더니, 여기는 이발비가 2달러나 싼 10달러라고 자랑했다. 미국의 유명한 대학의 교수도 이렇게 산다.

나를 더 놀라게 한 것은 그 다음 일이다. 그날은 특별히 미시간 호까지 왔고 또 손님인 나도 있으니 자기가 한턱 낸다며 피자를 샀다. 그때만 해도 나는 그것이 무슨 음식인지 몰랐다. 처음 먹어 보는 음식이라 내 몫을

다 못 먹고 남겼더니 교수 부인이 마파람에 게눈 감추듯 다 먹고는 손가락까지 빠는 게 아닌가. '미국의 교수 부인도 피자 하나 마음대로 못 먹는구나' 생각하니 새삼 와 닿는 것이 있었다.

채집을 다녀온 후에도 그는 '특별히'를 강조하면서 나를 집으로 초대했고 난 내심 큰 기대를 했다. 그런데 소시지 굽고, 빵 몇 쪽과 깡통맥주 몇 통이 특별히 초대된 손님에 대한 대접이었다. 형식에 구애받지 않고 성의로 모든 것을 대신하는 사회가 조금은 부러웠다.

그리고 체력이 좋은 것이 무엇보다 부러웠다. 대학생들은 시험 기간이면 눈썹 한번 붙이지 않고 일주일을 공부한다니 정말 무서운 체력이다. 나보다 열한 살이나 많은 한 친구도 나보다 힘이 더 좋다. 테니스를 쳐 보면 힘에서 내가 밀린다. 초식동물은 하루 종일 풀을 먹어야 힘을 쓰지만 육식동물인 사자는 사슴 한 마리만 잡아먹으면 일주일은 잠이나 자며 쉬는 것과 같은 이치일까. 게다가 그들의 식단은 너무 간단해서 큰 접시 몇 개면 먹을 것이 다 담기는 반면 우리 나라 주부들은 식사 준비가 너무 번거롭고 오래 걸려 힘들어한다.

옷도 편하게 입고 회의나 정식 초대 장소가 아니면 넥타이도 매지 않는다(그러나 그곳 역시 세대차가 뚜렷해 젊은 교수는 머리까지 길게 기르고 청바지를 즐겨 입지만 노교수들은 항상 정장을 하고 품위를 지킨다). 사고방식도 실용주의라 신발도 발에 편하면 족하고, 차도 값싸고 질 좋은 일본차를 많이 탄다.

그 사람들은 성조기를 개집 위에 꽂아 놓기도 한다. 그런데 희한하게도 국가는 못 부른다. 애국심이 없는 사람이 있을까마는 우리처럼 극성을 부리지는 않는다. 말로는 애국, 애국 하면서 양담배를 피우고 외국 물건이라면 눈이 뒤집어지는, 그런 이중성은 없는 사람들이다. 또 남이 하는 일이 자기에게 피해를 주지만 않으면 절대 불간섭이다.

뭐니뭐니해도 부러웠던 것은 그들의 건장한 체구와 도서관의 그 많은 책과 울창한 숲이었다. 건강, 책, 숲이면 그것이 한 나라의 전부가 아니겠는가. 신의 은총을 넘치게 받은 나라가 미국이었다. 너와 내가 눈을 크게 뜨고 마음을 활짝 열어 세계를 향해 달려나가야 한다.

우리도 나라의 기둥인 아이들을 튼튼하게 키우고, 우리 스스로 책을 많이 읽고, 읽히고, 푸른 숲을 더 잘 가꾸자.

오늘도 대왕(大王)은 몇 명이나 태어날까

인생을 봄날의 낮잠에 비유해서 짧은 것이라고 했다. 그래서 짧은 인생이나마 진하고 굵게 살기 위해 술판을 벌이고, 고스톱을 치고, 사우나에 들락거리고, 에어로빅을 한다. 반면 가늘어도 좋으니 길게 살고 싶은 이들은 사슴의 뿔, 코브라의 피, 선인장의 즙 등 정력에 좋고 미용에 좋다는 것은 닥치는 대로 다 먹어 본다. 그러나 오래 살려는 욕심이 많을수록 단명(短命)한다는 정신 세계의 원리를 모르고 하는 짓들이다. 인명재천(人命在天)이라 하지 않던가. 명은 부모에게서 받는 것이다. 한마디로 수명은 유전하는 것으로 장수하는 집안이 따로 있고, 단명한 집안에 걸리면(태어나면) 단명할 수밖에 도리가 없다. 그러나 한편으로는 소식(小食)이 장수의 비결이다. 쥐 실험에서도 조금씩 먹인 놈이 실컷 먹인 놈보다 오래 산다. 과한 것은 부족함만 못하다는 과유불급(過猶不及)이라 했던가.

그러면 사람은 다른 동물과 비교할 때 오래 사는 편일까, 아니면 짧게 사는 편일까.

사람은 다른 동물들과는 다른 점이 참 많다. 서서 걸어다니는 것에서부터, 손이 발달하여 정밀한 기계를 만지고 손으로 못 하는 게 없다. 또, 다른 동물은 발정기에만 짝짓기를 하지만 사람의 성적 충동은 정해진 시기가 따로 없다(새끼를 낳지 않은 젖소에게서 일 년 내내 젖이 나오듯 말이다). 동물 세계에서 보면 사람의 성행위나 젖소의 젖 분비는 일종의 돌연변이라고 할 수 있다. 어쨌든 사람은 다른 동물과 비교했을 때 그들보다 세 배쯤 오래 산다는 결과가 나온다. 그 원인은 익힌 음식의 섭취, 의학의 발달 등 여러 가지 문화적 요인이 복합적으로 관계된 것으로 보고 있다.

독일의 생리학자인 막스 루브너(Max Rubner)는 동물의 몸의 크기(체중)에 따른 산소 소비 정도를 측정해 흥미로운 결론을 내렸다. 동물은 몸이 클수록 산소 소비량, 즉 심장 박동수와 호흡수가 줄어든다는 것이다. 다시 말하면 작은 동물일수록 큰 동물보다 심장박동과 호흡이 빨라서 생쥐가 일 분에 200여 번 숨을 쉴 때 코끼리는 겨우 4번 쉰다. 사람은 보통 일 분에 17~18번 숨을 쉬고, 심장박동은 호흡의 약 3배로 72번 가까이 뛴다.

루브너는 여러 동물의 심장박동과 호흡수를 계산한 결과, 모든 동물은 8억 번의 심장박동을 채우고 또 심장박동의 약 4분의 1인 2억 번의 숨을 쉬고 나면 죽는다는 결과를 얻었다. 그렇다면 생쥐와 코끼리 중 어느 쪽이 정해진 8억 번의 심장박동과 2억 번의 호흡수를 먼저 채우고 죽겠는가(그래서 체중 1킬로그램인 동물보다 10킬로그램인 동물이 7.5배 오래 산다는 계산이 나온다고 한다). 그러나 사람은 이 결과의 약 3배나 더 심장이 뛰고 허파가 숨을 쉬고 있으니 불가사의한 일이라고 했다.

거북은 100년 넘게 살고 학 역시 오래 사는 동물로 유명하다. 코끼리는 그 덩치에도 70년 이상 산다. 그렇다면 이 동물들 모두 행동이 느리고 서두르지 않는다는 점에 주목해 보자. 미국의 어느 대학에서 체육인인(이론가가 아닌) 동창생들과 연구실 생활을 한 동창생들의 수명을 비교한 재미있는 논문이 있다. 독자 여러분은 어느 집단이 오래 살 거라고 보는가. 루브너의 가설에 따른다면, 괜한 화를 내서(심장박동을 빠르게 해서) 정해진 박동수를 빨리 채울 필요도 없고, 심한 운동으로 빨리 호흡수를 채울 필요도 없다. 거북처럼, 학처럼, 또 코끼리처럼 느릿느릿 살아가는 것이 제일이다. 숨도 천천히 쉬자!

여러 동물과 비교했을 때 사람이 다른 동물보다 오래 사는 것은 다음과 같은 이유 때문이라는 결론을 내리는 사람도 있다. 즉 태어나서 성적(性的) 성숙기에 빨리 이르는 동물일수록 일찍 죽고, 늦을수록 오래 사는 것을 동물 세계에서 볼 수 있다는 것이다. 사람은 다른 동물과는 달리 성장(성적 성숙)하는 데 수명의 약 30퍼센트 이상을 소비한다. 그러니 사람만큼 제 피붙이를 키우는 데 시간과 노력이 많이 드는 동물이 없다. 다른 동물이면 어른(성체)이 되어 새끼를 낳고도 남았을 시기에 사람은 아직도 어린아이에 머물러 있다. 여기에서 우리는 천천히 움직이고 숨을 조용히 쉬는 것 외에도, 늙어도 어린아이의 마음을 계속 가지면 오래 살 수 있다는 하나의 근거를 찾을 수 있다. 오래 사는 사람들을 보면 모두가 몸은 늙었어도 마음은 젊은 사람들이다.

생물들에게는 위험에 처할수록 새끼(후손)를 남기려는 강한 본능이 있다. 여러분은 쉬파리를 잡아 본 적이 있을 것이다. 이 파리는 알을 낳지 않고 새끼를 낳는 난태생(卵胎生)인데, 잡힌 암놈 쉬파리의 몸에서 우르르 새끼가 쏟아져 나오는 것을 볼 수 있다. 생명에 위협을 느꼈을 때 나타나는 종족 보존의 본능적 반응이다. 이 한 마리의 파리가 이렇게 죽지 않았다면 일 년에 19×10^{19}마리의 새끼를 낳았을 것이고, 다윈의 자연도태의 법칙이 없었다면 지구는 완전히 '파리의 이불'로 덮였을 것이다.

그리고 낚시를 좋아하는 강태공들은 산란철의 피라미나 끄리를 낚았을 때 암놈은 낚아 올리자마자 알을 쏟아 내는 것을 보았을 것이다(수놈은 방정을 하고). 또 심한 결핵에 걸린 사람들이 성욕은 더 강해지고, 행군 중에 낙오한 병사가 쓰러진 상태에서 사정(射精)을 하고, 입사시험을 막 치른 젊은이가 화장실로 달려가 사정하는 등 위험과 위기에 처해 종족 보존 본능이 발동한 예들은 드물지 않다.

주제에서 좀 벗어난 것 같지만 사람의 출생에 대하여 몇 마디 해 보자. 수정된 후에 태아는 어머니의 아기집(자궁)에서 280일(265일)을 보내고 이 험한 세상으로 나온다. 좀더 정확히 말하자면 난자와 정자가 수정된 날짜부터 계산하면 265일이 되고, 마지막 생리 시작일부터 계산하면 280일이 된다. 365일에서 약 100일이 빠지는 셈이다. 하지만 이를 일 년으로 생각해 태어나면서부터 한 살을 먹는 우리식 나이 계산법이 훨씬 더 합리적인 것 같다. 태아도 하나의 생명체로 보는 우리의 생명관이 훨씬 더 과학적이고 인본적이다. 만 한 살이면 아기집에 든 후 630일이 지난 날이 아닌가.

요사이 병원에서는 아기가 태어나는 시간까지 조절하고(사주팔자도 사람 손에 달렸다), 또 제왕절개수술도 다반사다. 내 주변만 봐도 많은 산모들이 배를 째고 아이를 낳는다. 하지만 개가 언제 배를 째고 새끼를 낳던

가. 산모는 고통을 덜고 의사는 수입이 는다는 서로의 이익이 맞아떨어져 만들어 낸 합작품이 아닐까.

제왕절개수술(대왕수술)의 뜻을 사전에서 찾아보니 "배를 째고 태아를 꺼내는 수술. 모체 사망 직후 배를 째고 자궁벽을 째어 태아를 구출하는 법. 오늘날에는 태아가 산도(産道)를 통하여 분만되지 않을 경우 살아 있는 산부에게도 행함"이라고 되어 있다. '카이저슈니트(Kaiserschnitt)'라는 독일어에서 온 제왕절개수술의 원래의 의미인 셈이다.

요새 산모들은 왜 그렇게 산도가 좁단 말인가. 물론 태아가 상대적으로 커졌다는 뜻이기도 하다. 의사들도 여러 가지 반론이 있을 줄 안다. 산도가 좁아 태아의 뇌가 눌려, 또 산모의 골반이 열리지 않는 '통뼈'라서…… 등등 핑계를 대고 통계자료까지 보여 주겠지만 만에 하나라도 금전의 유혹 때문에 멀쩡한 배를 쨌다면 인면수피(人面獸皮)요, 인면수심(人面獸心)이다. 설사 산모나 보호자가 유행에 휩쓸려 그런 수술을 요구한다 해도 인술(仁術)은 그렇게 쓰는 게 아니지 않는가. 히포크라테스 선서를 한 우리의 의사 선생님들이 양심을 파는 일은 있어서는 안 된다. 아무리 '돈만 있으면 개도 멍첨지'라는 돈 세상일지라도…….

요사이는 어떤지 몰라도 우리 때는 그랬다. 분만실 안에서 들려오는 진통 중인 산모의 "아이고, 엄마"하는 비명에 가까운 소리를 들으면서 남자들은 태어날 아기의 아비 될 준비를 하곤 했다. 처음에는 아들이었으면 하는 소망으로 연신 담배를 피워 대지만, 진통의 비명이 계속될라치면 딸이면 어때 했다가, 나중에는 애야 어떻든 어미나 살아야 할 텐데 하고 마음을 비우곤 했다. 드디어 탄생을 알리는 고고지성(呱呱之聲)을 듣는 순간, 마음은 다시 아들에 대한 희망을 품어 본다(아들에 대한 인간의 욕심은 그렇게도 강한 것일까).

아기의 큰 울음소리는 공기 빠진 풍선 같았던 허파가 바람을 먹어 부풀어 나는 소리다. 또 그 울음소리에 피가 역류하여 우심방과 좌심방 사이의 작은 구멍을 얇은 막이 닫는 중요한 순간인 것이다. 따라서 신생아의 울음소리는 높고, 강렬하고, 진동이 클수록 좋다. 소리만 들어 봐도 건강의 정도를 가늠할 수 있다.

과학의 진보는 도덕을 타락시켰다고 보는 자연주의자 루소를 나는 좋아한다. 모두 자연으로 돌아가 젊게 살자.

퀴리(Marie Curie)가
두 번째 노벨상을 받고 기자회견석상에서 "과학자는 호
기심에 찬 어린아이의 눈과 정복자의 모험심이 있어야 한
다"는 요지의 말을 했다. 맞는 말이다. 뉴턴이 떨어진 사
과를 아무 생각 없이 주워 먹기만 했다면, 또 알을 품어
보는 어린아이의 순진함이 에디슨에게 없었다면 그렇게
큰 업적을 남기지 못했을 것이다.

퀴리는 1903년에 남편 피에르 퀴리(Pierre Curie)와 함께
첫 번째 노벨상(물리학)을 받았고, 1911년에는 라듐을 분
리하여 두 번째 노벨상(화학)을 받았다. 부부가 함께 라
듐 연구에 일생을 바쳤고, 그것이 의학 분야에 없어서는
안 될 엑스레이 기술의 모태가 되었으니, 인류에게 얼마
나 큰 공헌을 하였는가. 두 딸 역시 많을 일을 하였으니
이것이 퀴리 가(家), 퀴리 집안이다.

그러면 과학(科學, science)이란 무엇이며 어떻게 하면

과학을 하는 것일까? "생활의 과학화, 과학의 생활화"라는 좋은 말이 있다. 우리가 사는 삶 자체가 과학적이라야 하겠고, 과학적인 생각을 하면서 살아가야 한다는 뜻이다.

과학을 그렇게 어려운 것으로 생각할 필요는 없다. 과학의 순수한 의미는 자연 속에 몰래 숨어 있는 것을 찾아 내는 일을 말한다. 그 수수께끼를 풀려면 무엇보다 자연에 흥미를 갖고, 호기심이 가득한 눈으로 자연을 들여다봐야 한다. "사과는 왜 떨어지는가?"라는 의문을 갖지 않았다면 지구가 당기는 힘을 가지고 있다는 것을 발견할 수 없었을 것이다. 그러나 과학의 많은 업적은 '우연'이라는 말이 있다. 뉴턴도 떨어진 사과를 주워서 바지에 쓱쓱 문질러서 많이 먹었을 것이다. 그러다가 어느 날은 우연히 '아니, 저게 왜 떨어지지?' 라는 강한 의문을 갖게 되었을 것이다.

호기심이란, 주변에서 일어나는 작은 일도 그러려니, 그렇겠지 하고 지나치지 않고 '왜?' 라는 의문을 갖는 것을 말한다. 만일 어린아이처럼 모든 것이 신기하고, 새롭고, 흥미로워 보인다면 스스로 의문을 가지고 풀려고 노력하고, 질문하고, 자료를 뒤지게 될 것이다.

우리 학생들은 주변의 일들에 너무 무관심하다. 또 '왜' 라는 의문 없이 보고 배운 것을 그대로 받아들이고 만다. 내가 강의시간에 첫 번째로 던지는 질문이 "파리 날개는 몇 개냐?"는 것인데 의외로 정답이 없는 것을 보고 처음에는 매우 놀랐다. 뛰듯이 기고, 기면서 뛰는, 날개 없는 파리를 수없이 봤을 터인데도, 눈에 안 보이는 DNA, ATP는 달달 외워 잘 아는 학생들이 파리 날개가 몇 장인지는 모른다. 바닥 교육부터 철저히 시켜야겠다는 것을 새삼 느낀다. 4장이라고 답하는 학생은, 곤충의 날개는 4장이고 파리도 곤충이니 마찬가지일 거라는 것이다. 거의 대부분의 학생들이 이런 사고를 한다.

과학은 "백 번 들어도 한 번 보는 것만 못하다[百聞而不如一見]"라는 말이 그대로 적용되는 분야다. 우선 관찰해야 한다. 그러나 과학은 "백 번 보아도 한 번 듣는 것만 못한[百見而不如一聞]" 속성도 가지고 있다. 파리 날개가 4장이라는 학생들의 대답은, 파리를 백 번은 보았을 것이나 눈으로만 보았지 마음으로(의문을 품고) 보지 않았다는 증거다.

파리 날개는 실제로는 2장이다. 여기서 실제라는 말을 쓴 이유는, 파리 역시 곤충이기 때문에 처음에는 4장이었으나 2장은 퇴화되고 진짜 날개는 2장뿐이기 때문이다. 퇴화된 2장은 '평형곤'이라 하여 몸의 평형을 담당하는데, 날개를 뗀 파리에게서도 "잉"하는 날갯짓 소리가 약하게 나는 것은 이 작은 평형곤이 떠는 소리다. '보는 눈'이 아니라 '찾는 눈'을 가져야 한다.

또 다른 질문을 던져 보자. 백 원짜리 동전 가장자리의 점은 몇 개일까? 학생들은 그제야 주머니에서 동전을 꺼내 헤아려 보느라 부산을 떤다. 지금까지 동전은 그저 동전이었을 뿐 그 이상의 의미는 없었기 때문이다.

다음 질문은 세종대왕은 몇 살까지 살았는가 하는 것이다. 국사시간은 아니지만 만 원짜리 지폐를 수없이 만져 봤을 테니 조금만 관심을 가졌으면 알게 될 일이었다.

연이은 질문이 학생들을 어지럽게 만든다. 연탄의 구멍은 몇 개인가? 지금은 기름, 가스가 널리 쓰이지만 얼마 전만 해도 연탄을 많이 썼다. 그러니 학생들 모두가 연탄과 무관하지 않고, 길가에 쌓인 연탄재를 발로 차 보기도 했을 것이다. 그래도 한두 사람은 정답을 말한다. 그렇지만 이 학생들이 자연과학을 전공하겠다는 자연과학대학 학생들이라는 데 문제의 심각성이 있다. 연탄의 중앙에 구멍이 하나 있고 그 둘레에 7개, 또 그 둘레에 7의 배수의 구멍이 있다. 그렇다면 연탄의 무게는 얼마나 될까? 연탄재의 무게는? 그래서 그 차이는? …… 무궁화 꽃잎은 몇 개냐는 이 야기까지 해 가다 보면 90분이 언제인지 모르게 다 지나간다.

모 대학교 학생들을 대상으로 한 조사에서, 새를 그려 보라는 질문에 다리를 4개 그린 학생이 10퍼센트가 넘었다고 한다. 파리를 그리라고 했다면 거의 전부가 잠자리를 그려 놨을 것이 불을 보듯 뻔하다. 그러나 독서는 물론이고 관찰의 기회조차 갖지 못했던 것은 그들의 책임이 아니다. 아이들은 모두가 어른들의 작품(산물)이기 때문이다. 아이들이 먹물 대신 맹물이 든 머리와 탁하게 흐려진 눈을 갖게 된 것은 모두가 어른들의 책임이다.

대기만성이다. 될성부른 나무는 떡잎부터 그 기미가 보이는 법이다. 희떠운 수작 부린다고 되는 것도 아니고, 그렇게 달달 볶는다고 노벨상이 나오지도 않는다. 이제 저 아이들을 졸라맨 끈을 좀 느슨하게 풀어 주자. 교육은 골고루 차려진 밥상이라야 한다. 국어, 수학, 영어가 전부가 아니다.

과학의 산물은 모두가 자연의 모방이다. 자연을 잘 관찰하고 연구한 결과 얻은 것들이다. '잠자리 비행기', '고래 잠수함', '사람 로봇', '지렁이 컴퓨터'라는 말이 있다. 헬리콥터가 어떻게 잠자리처럼 비행할 수 있는가. 그것은 대단한 지혜다. 사람은 하늘을 날고 싶었고, 빠르게 달리고 싶었다. 달리는 차의 기어를 바꾸는 것이 번거로워 자동변속기어를 만들고, 사진기의 빛과 거리 조작이 힘들어 누르기만 하면 되는 자동카메라가 나왔다. 달나라에 가는 꿈도 이제는 더 이상 꿈이 아니지 않는가. 모두가 의문을 갖고 어떻게 하면 될까, 골몰한 결과다. 그리고 '왜(why)'라는 의문을 갖는 것도 중요하지만, '어떻게(how)' 또한 매우 중요한 과학하는 태도이다. '어떻게'는 '왜'의 연장선상에서 생각해야 한다.

그런데 아이들은 아무래도 부모의 영향을 가장 크게 받는다. 퀴리 집안도 그렇고 핼리 혜성(Halley's comet)의 핼리 집안도 그렇다. 핼리(Edmund Halley)의 아들은 물론이고 손자까지 망원경으로 할아버지 별이 지구 가까이 오는 것을 관찰하고 있는데, 이것이 학문의 가계성이다. 손자가, 또 그 증손, 현손이 조부의 연구를 계속하는 모습은 아름답기까지 하다. 우리 나라는 근대과학의 역사가 짧아 이제 겨우 2대 또는 3대에 접어들었을 뿐이다. 물론 우리 생물학계에도 아버지의 업(전공)을 그대로 이어받아, 퇴임한 아버지의 자리(대학)에서 같은 연구를 하는 경우가 있다.

미쳐야 뭔가를 이룰 수 있는 것이다. 미친놈이 많은 세상은 살맛이 나는 세상이고, 미친 사람이란 멋있는 사람일 수 있다. 멋있는 사람이 많은 세상이 살맛 나는 세상이다. 평범한 생각, 평범한 생활은 결국 아무 멋 없는 평범밖에 남기지 못한다. 평범한 스승은 그저 평범한 제자만 키운다. 그러니 선생부터 미쳐야 한다. 하나에 미쳐서 지내는 스승에게서 제자들은 미침의 의미를 배운다. 예술, 문학, 철학, 과학 모두가 마찬가지다. 뭔가에 미친 사람들에게는 칼 같은 결단력이 있고, 소처럼 도전하는 힘과 얼음 같은 냉철함이 있고, 무구한 순진함이 있으며, 하나면 하나지 둘이 아닌 단순함과, 한다면 하는 과단성이 있다. 이것이 과학자의 특성이기도 하다.

그러나 과학만능 사상에는 큰 위험들이 도사리고 있다. 과학은 결국 자연을 대상으로 하는 물질과학인 것이다. 과학, 과학 하면서 가르치고 키운 저 많은 머저리들을 보라. 물질만능 사상에 젖어 결국 정신의 고갈을 초래하지 않았는가. 물질만능은 곧 황금만능으로 통하고, 돈은 자본주의 사상의 모태다. 미국 생활을 경험한 솔제니친은 자본주의국가들의 '영혼의 죽음'을 걱정했다. 돈이면 다 된다는 알량한 생각은 그놈의 과학이 배설한 노폐물이다. 그래서 과학이라는 이 가당찮은 괴물이 지구를 크게 해코지하고 통째로 삼킬 때가 언젠가는 올 것이다. '과학의 공해'가 마냥 걱정스럽다.

이런 제자, 저런 일

제자가 부쳐온 소포

지리산의 봄은 늦게 오는가

쇠똥으로 지은 밥이 더 맛있다

어머님 전 상서

사랑하는 딸에게

낙성(落聲)

입 닦는 종이에 서명을 하고

늙음

똥이 금이다

4

이런 제자, 저런 일

30년 가까이 교직에 몸담는 동안 직접 배우지 않은 제자까지 포함해서 내 이름을 아는 제자가 2만 명이 훨씬 넘게 되었다.

하루는 청계천 2가에서 달려오는 버스의 번호판만 눈이 빠져라 쳐다보고 있는데, 이게 무슨 날벼락이람, 뒤에서 어느 놈이 내 목덜미를 감싸안는 게 아닌가. 아, 이것이 들치기 날치기라는 것이구나 싶어 소스라치게 놀라 몸을 움츠렸다. 그 순간 나의 귀를 의심케 하는 "선생님!" 소리가 들려오는 것 같기도 했다. 그러나 마음의 귀를 기울이지 않으면 들리지 않고, 마음의 눈을 뜨지 않으면 보이지 않는 법이니, 마음의 귀가 '날치기'에 가 있으니 '선생님'이 귀에 들어올 리가 만무했다.

분노와 두려움이 교차하는 순간 그 젊은 놈이 땅바닥에 넙죽 엎드려 큰절을 하는 게 아닌가. 나는 괴이하기도 하고 창피하기도 해서 옆 사람들의 눈치를 보느라 두리번거리는데 고개를 드는 그를 보니 바로 나의 제자가 아닌가. 얼른 손을 잡아 쥐며 "너, 어쩐 일이냐. 참 그때 임질은 다 나았느냐?" 하는 말이 반사적으로 내 입에서 튀어나왔다.

"예? 선생님, 지금까지 그러면 어쩌라구요."

경기고등학교가 화동에 있을 때였다. 하루는 생물실에 한 아이가 풀죽은 기색으로 기어들듯 들어와, 허리는 반쯤 굽히고 두 손을 앞으로 한 채 내 쪽으로 왔다. 꼭 침 먹은 지네 형상이었다. 어떤 예감이 들었다. 용한 의사는 사진만으로도 환자 상태를 85퍼센트 이상 알아 낸다고 하는데 우리도 아이들 표정만 봐도 그들의 마음을 읽어 낸다.

"야, 니 와 그라노?"

따뜻하게 물었다. 그 아이가 곧바로 문제를 털어놓을 것 같지 않았기 때문이다. 또 서로 마음이 열리지 않으면 아이들도 진심을 드러내지 않는다는 것을 잘 알고 있었다.

"그래, 니 안색이 좀 안 좋아 보인다. 야, 무슨 일이 있나?"

여러 말로 구슬렸더니 마침내 "선생님, 사실은……" 하며 입을 열었다.

그 사실이란 이렇다. 고등학교 1, 2학년이면 들을 것은 다 듣고, 알 것은 다 안다. 겉으로는 어린애 같지만 속에는 늙은 영감이 들어 있고, 성(性)에 대해서도 고민을 많이 한다. 그놈은 친구들과 교복을 입고 책가방을 든 채 미아리의 '텍사스촌'으로 가서는 한 상 차려 먹고 마시고, 뜬계집과 그짓까지 하고 왔다는 것이다. 술값이 없어 책가방을 맡기고. 그놈의 이야기 한 토막이 끝날 때마다 나는 "그래서?" 하고 다음 이야기를 재촉했다. 재미도 있고(?), 두렵기도 하고, 당돌하다는 느낌을 가지면서도 나름대로 이해하려고 애를 썼다. 술, 여자, 재물이 남자의 삼불혹(三不惑)

이라고 가르쳐 왔건만 아이들에게는 '소 귀에 경 읽기'다.

경기고등학교 학생들은 개성이 유별나서 다른 학생들한테서는 찾아보기 힘든 특징, 특기 하나씩은 가지고 있었고, 그들의 반 평균 아이큐는 136이나 되었다(아이큐라는 게 믿거나 말거나이지만). 나는 지금도 고등학교 평준화를 강력히 반대하는 사람이다. 사람도 경쟁을 해야 하고, 서로 비슷해야 경쟁이 가능하기 때문이다. 40점짜리와 95점짜리를 반죽하듯 섞어 버리는 교육제도가 세상 어디에 있겠나.

어쨌든 이렇게 개성 있는 '임질'이는 모든 것을 고백하고 나서는 생기가 도는 듯 보였다. 마치 세심(洗心)이나 한 듯.

"야, 이놈아, 바지 벗어 봐."

이놈이 쭈뼛쭈뼛 허리띠를 풀기에, 바짓가랑이는 내가 잡아당겨 내리고 팬티를 살짝 내려 그놈을 끄집어내 훑어보니 끝에서 노란 고름이 나오는 게 아닌가! 그럴 것이라는 짐작은 하고 있었지만 정말이었다.

"얘, 임질이다. 매독은 아닌 것 같으니 안심해라"하고는 비뇨기과에 가서 치료하면 된다고 안심시켜 돌려보냈다.

바로 그 아이가 나의 목을 두 팔로 끌어안고 반가워하는 것이다. 버스를 타고 가는데 '선생님이 서 계시기에' 다음 정거장에서 내려 달려왔단다. "선생님, 막걸리 한잔 하십시다"하면서 나의 팔을 끄는데 "야, 미아리 가자"는 내 농담에 둘 다 눈을 뜰 수 없을 정도로 웃어 대며 옆 골목으로 들어갔다.

'임질'이는 이 글 읽으면 꼭 연락하거라. 다시 한 번 만나 보고 싶다. 내 마음에 가장 깊이 박혀 있는 너인데도 네 이름을 잊어 미안하다. 춘천으로 직행해라. 닭갈비에 경월소주 한잔 하자. 강원대학교에서 이 권오길이를 모르는 사람은 없다. 꼭!

지금도 삼성동의 경기고등학교 앞을 지날 때면 옛일이 생각난다. 허허벌판에 학교만 우뚝 솟아 있었고, 주변 밭의 파리들이 밥냄새를 맡고 몰려들어 점심시간마다 파리와 한바탕 전쟁을 치러야 했다. 그때 심었던 나무들이 이제는 아름드리가 되었다. 저 나무처럼 내 제자들도 출중한 인재들이 되어 있을 것이다. 부모가 살아 계시고 형제가 무고한 것〔父母俱存 兄弟無故〕이 일락(一樂)이요, 하늘을 우러러보고 땅을 내려다보아도 부끄러움이 없음〔仰不愧於天 俯不怍於人〕이 이락(二樂)이요, 영재를 모아 가르치는 재미〔得天下英才 而敎育之〕가 삼락(三樂)인데 이것을 느껴 본 것은 행운이었다.

돌아 가면서 발표하는 대표수업이라는 것이 있었다. 부담스럽게도 내가 걸렸다. 혈액응고에 관한 실험을 하기 위해 토끼의 귀에서 주사기로 피를 뽑는 중이었는데 한 학생이 그 선혈(鮮血)을 보고 그만 현기증을 일으켜 쓰러져 버렸다. 양호실에 누워 있는 아이의 얼굴이 종잇장 같았던 기억이 오늘도 생생하다.

다음 수업시간에 그 아이를 놀려 주기도 했지만, 이렇게 선명한 붉은색은 사람을 흥분시키고 충동질할 뿐 아니라 심하면 현기증까지 일으킨다. 무슨 쟁의가 있는 곳에 가 보면 어김없이 댕기같이 긴 붉은 띠를 이마에 동여매고 있는데 이제는 벗어 던지고 녹색 띠로 바꿔 매면 어떨까? 또 상대편 역시 미소근육을 아껴 두었다가 어디에 쓰려 하는가. 서로간에 천적처럼 대하지 말고 생물들의 공생 기술을 한번 배워 보자.

수도여자고등학교에서 학생들을 가르칠 때의 일이다. 학부형에게 부담만 준다는 논란이 있기는 했지만 가정방문은 교육상 필요했고, 그때는 그 결과를 학교에 보고까지 했을 때다. 학교에서 가까운 한 학생의 집을 방문했을 때인데, 그 학생의 어머니는 정성껏 맥주 한 병을 내놓았다. 쟁반 위의 큰 맥주병 옆에는 작은 땅콩봉지와 소주잔이 놓여 있었다. 1960년대 후반의 우리 나라 경제 사정을 모르는 젊은 독자들은 이해하지 못하겠지만 웃을 일은 아니다. 나는 그 어머님이 권하는 맥주를 몇 잔 마시고 학생에 대해 진지하게 대화를 나누고 돌아왔다. 자식 걱정은 잘살고 못살고가 없고, 배우고 못 배우고가 없는 것이다.

사람은 연(緣)을 귀하게 여길 줄 알아야 한다고 했다. 어쭙잖은 만남도 모두가 귀한 인연이라 생각한다. 사제의 연뿐만 아니라 선생과 학부모의 연 또한 귀한 것이다. 맥주에 소주잔을 놓아도 좋다. 서로 아껴야 한다. 스승 없는 제자가 어디 있으며, 제자 없는 스승 또한 어디 있겠는가.

한번은 LA에 갈 일이 있었는데 공항에 내리자마자 지금은 홍익대학교 교수로 있는 김 군이 마중을 나와 있다가 나를 끌고 간 곳이 중국음식점이었다. 그곳에는 정말 오랜만에 보는 제자들이 여럿 모여 있었다. 그들 중에서도 아직도 빼빼 말라 옛 모습 그대로인 최 군이 제일 반가웠다.

"야, 그래 우찌 사노?"

머뭇거리던 최 군은 내 손을 덥석 잡으면서 눈물을 흘렸다.

"선생님께서 항상 말씀하셨던, 효는 인본(人本)이란 말 잊지 않고 있습니다. 이번에 부모님 모시고 와서 같이 살고 있습니다. 세탁소도 하나 더 샀구요. 선생님, 제가 선생님 속을 많이 태워 드렸지요."

눈물 콧물 흘리며 과거로 돌아간 제자의 손을 잡고 있자니 내 눈시울도 젖어 왔다. 걸핏하면 지각이요 결석인 아이 탓에 고무신 장사를 하던 어머님이 학교로 여러 번 불려오곤 했다. 최 군 덕에 나도 잠깐이나마 과거를 되씹게 되었고 좋은 선생이 되겠다고 다시 한 번 다짐했다.

빼갈에 얼큰하게 취한 스승과 제자들은 2차로 자리를 옮겨 마이크도 잡았다. 다른 제자들은 모두 공부를 하고 있었으나 최 군만이 생활현장에서 뛰고 있었다. 그날 술값은 모두 최 군이 냈고, 나중에 보니 꼬깃꼬깃 접은 돈 백 달러가 내 주머니에 들어 있었다.

착하고 공부 잘한 학생들은 기억에서 빨리 사라지고 임질이와 최 군 같은 제자들은 오래오래 마음에 남는다.

자네들, 건강이 제일이야, 부디 건강하게.

제자가 부쳐온 소포

수재들이 많이 모여 있던 경기고등학교 시절 일이다. 어느 날 뜻밖의 편지 한 통과 작은 소포 하나가 학교로 배달되어 왔다. 뜯어 본 편지 내용인즉 이러했다.

존경하옵는 선생님,

선생님의 좋은 가르침 많이 받고 대학에 입학한 ○○○입니다. 선생님이 주신 꿀밤이 아직도 제 머리에 혹으로 남아 있는 것 같습니다. …… 선생님, 꼭 부탁드리고 싶은 것이 있습니다. 생물시간의 진화 분야에서 생물의 진화를 그렇게 강조하셔야 했는지요. 선생님은 모르실 겁니다. 제 마음에 막 싹트기 시작한 하나님에 대한 외경심에 비수를 꽂는 것 같았습니다. …… 미국에서는 주에 따라 생물 교과서에 진화설을 '그런 설도 있다' 정도로 씌어 있고, 그렇게 가르치기도 한다고 들었습니다. 후배들에게는……. 여기 성경 한 권을 같이 보내옵니다. 안녕히 계십시오. 기회 내어 한번 찾아 뵙도록 하겠습니다.

지금도 그 학생이 보내 준 성경이 나의 책장 한구석에 꽂혀 있다. 아이들한테서 또 한 대 맞은 것이다. 이번에는 애물단지 '진화' 때문에 어처구니없는 일이 또 일어난 것이다. 삼십대 초반의 나이에 아이들에게 지혜는 못 가르치고 알량한 지식으로 대학입시 준비에만 몰두했던, 자칭 열정에 불탔던 풋내기 선생 시절의 일이었다. '가르치는 것이 배우는 것'이라고, 제자들한테서도 배우고 느끼고 반성하면서 가르쳐 왔건만, 어느 새 오십대 중반의 노회한 선생이 되어 있다. '노회(老獪)'는 말 그대로 늙어 경험은 많으나 교활하다는 뜻이다.

서양사람들의 속담에 "선생은 살인자(Teachers are killers)"라는 말이 있다. 맞는 말이다. 편지를 보낸 제자에게 나는 살인자였던 셈이다. 왜 아이들을 사랑으로 가르치지 못했을까. 아이들의 질문을 반항으로 받아들이고, 버스 때문에 지각한 아이에게 벌 청소나 시키고, 부모가 촌지 가져온 학생에게는 따뜻한 말로 격려해 주고, 결석하면 몽둥이로 다스리고, 성적 떨어지면 죽일 놈으로 몰아 닦달하고……. 부끄럽기 한이 없다. 선생이란 권위의식이 왜 그렇게도 강했단 말인가. 댓구멍으로 하늘을 보고 표주박으로 바다를 재려는 스승의 사기 행위였다.

대학생들은 강의시간에 질문을 하지 않는다. 아무리 유도해도 질문이 없다. '살인자 선생들' 책임이다. "이놈아 그것도 질문이라고 하냐?" "너는 웬 질문이 그렇게 많냐?" "그거 알면 노벨상 받겠다." 이렇게 핀잔 주고 기를 죽이니 학생들은 듣기만 하는 기계가 되고 말았다. 제가 당하지 않아도 친구가 당하는 것을 계속 봐 왔으니 질문이 있어도 속으로 삭인다. 그래서 콩, 보리도 못 가리는 숙맥(菽麥)이 되고 만다.

학생들의 기를 꺾어 버려야 선생의 권위가 서는 것인가. 또 "제 아들들은 아비가 제일 잘 알고[知子莫如父], 제 딸들은 어미가 제일 잘 안다[知女莫如母]"고 하듯이 부모에게도 책임은 있다. 왜 부모들도 자식들의 장점이나 잘한 것을 칭찬하는 데 인색할까?

내 강의에 종종 등장하는 '애순이 시리즈' 이야기를 소개해 본다. 세 살짜리 애순이라는 여자아이 이야기다.

귀엽고 영리한 애순이는 그 집안의 첫딸이다. 저녁 때 엄마가 쌀밥에 갈치를 구워 먹이는 데서 이야기는 시작된다.

"엄마, 이 고기 이름이 뭐야?"

애순이가 묻는다.

"갈치, 성은 갈씨고 이름은 치야."

엄마는 친절하게 부드러운 음성으로 가르쳐 준다. 애순이의 기분이 좋아진다.

"엄마, 갈치가 어디 살아요?"

애순이의 두 번째 질문에 엄마는 갈치 살을 발라 입에 넣어 주면서 약간 퉁명스럽게 대답한다.

"바다에 살지 어데 살아."

"엄마, 그럼 이 갈치는 뭐 먹고 살지?"

세 번째 질문에 엄마는 사정없이 한 대 먹이면서 소리지르고 입에다 밥과 고기를 쑤셔 넣는다.

"이년아, 처먹기나 하지 뭘 그렇게 조잘거리냐. 빨리 먹기나 해!"

"엄마, 알았어요……."

애순이는 겁에 질려 밥을 씹으며 닭똥 같은 눈물을 뚝뚝 떨군다.

애순이는 엄마를 얼마나 원망할까? 이렇게 어릴 때부터 많은 아이들이 호기심이라는 과학의 싹은 무참히 잘리고 기는 억눌리고 만다. 우리 나라 어머니들 중에 아이들의 물음에 세 번 이상 인내심을 갖고 정성껏 대답을 해 주는 이가 몇이나 있을까? 자식이 원수라도 된단 말인가. 자식을 아귀 같이 밥만 먹는 식충으로 만들 셈인가. 밥과 고기만이 영양분이 아니다. 정신의 영양분이 더 중요하다는 것을 너무 모르고 지나친다. 더구나 요새 야 먹을 게 흔한 세상이 아닌가.

분별 있는 어머니라면 이렇게 했을 것이다. 애순이를 시장에 데리고 가서 배추, 고사리, 시금치, 조개(바지락, 개조개, 홍합, 이런 식으로 가르치면 더 좋겠지만), 조기, 오징어, 갈치…… 차례차례 이름을 가르쳐 준다. 집에 오면 다시 아이를 부른다.

"애순아, 이리 와라. 엄마가 갈치 배를 갈라 볼게. 이 갈치는 바다에 사는데 다른 물고기보다 길이가 매우 길단다. 네 키만해."

예리한 이빨도 보여 준다. 배를 가르니 위(胃)가 불룩해 갈라 보니 그 속에서 작은 물고기가 나오고, 그 작은 물고기의 배에서는 새우가 나왔다. 이렇게 애순이는 갈치가 바다에 사는 것을 알게 되고 먹고 먹히는 관계인 먹이사슬도 직접 보고……. 작은 일에도 반드시 어떤 의미를 부여하며 살아야 하고 또 그렇게 지도해야 한다고 생각한다. 우리 주변이 모두 살아 있는 실험실이라는 점을 잊지 말아야 한다.

아이들에게는 온 세상이 흥미롭게 보인다는 것을 경험으로 알고 있지 않는가. 어린아이들은 영리하고 호기심으로 가득 차 있다. 갈치의 배를 가르는 엄마의 손끝을 지켜보는 애순이의 호기심 어린 그 눈빛을 한번 상상해 보자. 애순이의 심장은 터질 듯 고동치고 있을 것이다. 애순이가 말 귀도 못 알아듣는 애숭이가 결코 아니라는 것을 알아야 한다.

어른들의 말 한마디가 아이들을 죽일 수도 있고 살릴 수도 있는 것이다. 그러므로 선생만 살인자가 아니라 부모도 그 책임에서 벗어날 수 없다. 애순이가 초등학교에 들어가서 그림을 그려 점수를 받아 왔다. 85점이다. 엄마는 그 점수를 보고는 대뜸 핀잔을 준다. "이것도 점수라고 받아 왔냐?" 칭찬을 기대했던 애순이에게는 엄마의 그 한 마디가 너무나 큰 충격이요, 씻을 수 없는 상처로 남는다. 자신감의 상실이다. 이렇게 부모도 자식을 죽이고 있다. 선생이나 부모는 모두 인내할 줄 알아야 하고, 때론 감성보다 이성으로 아이들을 대해야 하며, 칭찬하는 데 인색하지 말아야 한다.

"애순아, 참 잘 그렸다." 애순이 엄마는 그 그림을 받아 들고 먼저 칭찬으로 기를 살려 줬어야 한다. "여기는 이렇게 그렸으면 더 좋았을 것을……." 그 말을 들은 애순이는 뛸 듯이 기뻐하며, 엄마에게 인정을 받았으니 더욱 자신감을 갖게 되지 않겠는가. 100점이 뭐 그렇게 좋을까. 완전함은 불완전함보다 못한 것이니, 애순이가 85만큼 잘하고 15만큼 못했다는 것은 오히려 잘된 일이라는 것을 알아야 한다.

필자는 자식이나 제자들 교육에 있어서 90퍼센트의 칭찬과 10퍼센트의 꾸중을 원칙으로 삼아 왔다. 우리는 아이들을 칭찬해 줘야 한다. 아이들은 그 작은 칭찬에도 큰 보람을 느끼게 된다. 잘못한 것보다 잘한 것을 먼저 볼 줄 아는 눈과 마음을 가져야 한다. 부족하거나 자신감이 없는 선생, 부모가 제자나 자식을 용서해 주지 못하고 괜스레 화를 내고 꾸중한다. 역지사지(易地思之)는 교육에도 필요하다. 제자나 자식의 처지에서 생각해 보는 것이다. 어른도 칭찬을 받으면 좋아하지 않는가. 칭찬이 제일 좋은 교육법이다.

지도자는 부단히 바뀌어야 한다. 평범한 선생은 평범한 학생밖에 만들지 못한다. 그러니 제자에게 큰 영향을 끼쳤다면 이미 선생으로서 보통이 아님은 확실하다. 나는 제자의 그 편지를 받은 후로는 강의시간에 꼭 그 얘기를 해 준다. 그 충격으로 난 종교에 관해서 깊이 생각해 보았고, 성경도 읽어 보고 불경도 읽었다. 그 제자는 나의 스승이다. 나를 가르쳐 준 제자 스승! '손자한테서도 배우는' 자세로 바뀐 것이다.

다음 글은 강원대학교의 수요강좌에서 필자가 강연한 '창조설과 진화설'의 결론 부분이다. 이 글을 편지를 보내온 제자에게 나의 답장으로 보낸다.

신학자는 과학자를 유물론적이고 사회주의적이라고 주장하며, 과학보다는 종교가 우수하고, 진화사상의 배척 없이는 반공(反共)이 불가능하다고 부르짖는다. 반면 과학자들은 자연은 아름답고 신비스럽고, 이 자연의 신비를 연구하는 학문인 과학은 인간 문화의 최고의 특징이요, 인류 역사의 최고의 장이라고 예찬한다.

사실 현대인은 생물과학, 물질과학을 숭배하는 경향까지 가지고 있으며, 그 때문에 사상과 철학의 결핍이 오기 쉽고 물질만능, 황금 숭배의 사상으로 흐르기 쉽다. 이것은 정신과학의 결핍에서 기인하며 인간의 정신과 도덕성이 무시되는 원인이 되기도 한다.

지금까지의 종교와 과학의 싸움은 절대적 권위와 관찰의 싸움이라고 할 수 있으며, 결코 신학자와 과학자의 투쟁은 아니었음을 강조하고 싶다. 지금 과학자들은 과학 밖에 놓여 있는 어떤 영역이 있다는 것을 겸손하게 인정하기 시작했다. 반면 자유주의적 신학자들은 성서를 과학적으로 설명할 수 있는 어떤 것도 부정하지 않고 양보하겠다고 한다. 결국 창조설을 과학으로 설명하기 어려웠듯이 절대적 창조 능력으로 과학(진화설)을 설명하기도 어렵다. 이제 달걀이 먼저냐(진화설), 닭이 먼저냐(창조설)의 싸움은 그만두어야 한다고 본다.

나는 다음의 두 문장으로 결론을 내릴까 한다.

과학자이며 신부인 테이야르 드 샤르댕은 "하느님은 전능하시지만 이 세상을 창조할 때 완전한 것을 창조하시지는 않았기 때문에 이 세상은 진화한다"고 말했다. 또 과학자 아이스너는 "왜 하느님께서 생물의 진화까지도 점지하셨다고 생각하지 못하는가?"라고 했다.

지리산의 봄은 늦게 오는가

어느 날, 형님이 사다 준 처음 신어 보는 배구두(운동화)를 신고 동네방네 미친 놈처럼 천방지축 헤맨 기억이 난다. 열댓 가구가 사는 작은 촌마을이지만 한 바퀴 돌아치면 맥이 빠진다. 어릴 때의 일을 깡그리 잊었으나 이런 감격스런 몇 가지 일은 아직 기억에 살아 있다.

밤이 되면 호롱불을 켠 어두컴컴한 사랑방에서 동네 어른들의 살아온 이야기와 덕담을 들으면서 새끼를 꼬고 짚신을 삼는 것이 초등학교 시절 내 저녁 일과였다. 나이 많은 분들은 여전히 짚신을 삼았지만, 그것도 새로운 문화라고 어린 우리들은 신 둘레에 턱이 없는 납작짚신(조리)을 삼아 신었다. 납작짚신도 짚으로만 삼으면 잘 떨어지는 탓에 삼(대마)을 중간중간 넣은 고급(?) 신을 삼아 신었다.

소 먹이러 갈 때나 쇠꼴 벨 때, 산에 나무 하러 갈 때는 물론이고 학교에 갈 때도 짚신이었다. 비가 오면 짚신에서 튄 물이 장딴지는 물론이고 오금지까지 흙투성이로 만들었다. 겨울에는 짚으로 소의 신까지 삼아야 했고 누가 예쁘게 많이 삼는가 친구들과 경쟁하곤 했다. 초등학교 졸업 때까지 '예습'이나 '복습'이라는 공부를 한 기억은 털끝만큼도 나지 않는다.

어느 날엔가, 내가 양자로 들어가서 지금은 아버지가 되신 숙부님께서 흰고무신을 사 오셨다. 하얀 배 같은, 그렇게 신어 보고 싶었던 흰고무신이 아닌가(친구들 중에는 짚신파와 고무신파가 있었던 것으로 기억된다). 그것도 아껴 신어야 했다. 고무신은 보자기로 둘둘 만 책보따리를 메고 나설 때만 신어야 했고 산길, 들길에서는 짚신이 보조신발이었다. 짚신이나 고무신이나 왜 그렇게 발뒤꿈치를 갉아먹는지 아파서 고생했던 기억이 아직도 생생하다.

그런데 고무신은 활용도가 매우 높아, 물길을 막아 댐(?)을 만들어 놓고 그 위에 신을 띄우면 배가 되었고, 고무신 안에 놓인 돌멩이는 유람선을 탄 의젓한 나였다. 소 먹이러 갈 때면 동무들은 삼베바지춤에 감자 몇 알씩을 넣어 온다. 촌놈들도 간식은 먹어야 하니까. 모아온 푸나무에 불을 지펴 돌을 벌겋게 달구고 나서 그 돌집을 허물고 감자들을 넣고 다시 돌로 덮는다. 이 순간은 빨리 서둘러 일거에 진행해야 하기 때문에 여기저기서 '빨리 해라'라는 뜻의 사투리인 "어푼 해라!" 소리가 강 건너까지 메아리친다. 다시 뜨거운 돌을 흙으로 덮은 감자무덤 가운데를 꼬챙이로 구멍을 뚫고 물을 부어야 하니 또 "어푼, 어푼"이다. 손바닥으로 강물을 길어 오자면 도중에 다 새나가 버렸지만 고무신으로 길어 나르니 정말 안성맞춤이었다. 소금도 없고 버터도 없었으나 껍질이 약간 눌어붙은 찐감자가 왜 그렇게 맛있었는지. 고무신은 또 소의 등짝에 붙어 피를 빠는 손마디만한 쇠파리를 때려잡는 데도 제격이었다.

현대문명의 무풍지대였던 지리산 밑 오지에 그래도 놀이문화는 다양했다. 소는 산자락에 풀어 놓으면 해질 무렵에 알아서 모여 줄을 지어 내려오니 고삐만 풀어 잡으면 되고(고삐는 뿔이 긴 놈은 뿔 사이에 얽어매고, 어린 소는 목에다 친친 감아 둔다), 신작로의 버드나무 밑에 옹기종기 모여 돌공기 놀이며 땅따먹기도 했다. 그러다가 더우면 강으로 달려가 풍덩 뛰어들어 개헤엄치고, 용바위에 올라가 다이빙도 하고. 잔디꽃대를 뽑아 두 손톱으로 눌러 쭉 밀면 구슬 같은 물방울이 맺히는데 이 물방울을 맞대어 따먹기도 한다. 또 잔디꽃대를 여러 개 모아 처음 당하는 아이에게 "이것을 꽉 물고 있으면 하느님이 보인다"고 속여 꽉 물고 하늘을 쳐다보고 있을 때 꽃대를 확 잡아당기면 잔디씨가 꼬마들 입 안에 그득이다. 통쾌해하며 얼마나 배가 아프게 웃어제꼈는지 모른다. 겨울철 놀이로는 구슬따먹기, 자치기, 못따먹기(못 하나를 땅에 던져 꽂으면 다른 사람이 그 못의 몸을 때려눕히면서 꽂는다), 짚더미 사이에서 하는 숨바꼭질, 논두렁에서 도롱태(굴렁쇠) 굴리기 등 자연 그 자체가 놀이 공간이었고 놀이 기구였다. 순진무구한 철저한 자연인이었다. 어린 시절의 영향 탓인지 나는 지금도 자칭 초자연주의자다.

개도 집에서 주는 밥으로 부족해서 들개 행세를 해야 했듯 우리도 때로는 도둑고양이가 되지 않을 수 없었다. 내일은 네가 성냥개비 몇 개를 가져와라 하면 훔쳐서라도 가져오는 의리를 지킨다. 아침에 한 번 소를 먹이고 오후는 내내 먹이니 이때가 우리의 영양보충 시간이다. 돌배, 돌복숭아, 돌감, 산딸기, 도라지, 송기(소나무 어린 줄기의 속껍질), 찔레순, 고

욤, 삐삐, 보리수 열매, 오디, 온통 먹을 거리 아닌 것이 없지만 그것만으론 태부족이다. 습기 먹은 성냥개비에 붙은 불꽃으로 어떻게든 재주를 부려 모닥불을 피운다. 논두렁의 익어 가는 콩, 밀, 쌀보리는 그 불에 노랗게 익는다. 톡톡 튀는 콩깍지에서 풍기는 아미노산 내음! 먹은 콩보다 흘린 침이 더 많을 지경이지만 손으로 적당히 비벼 깐 콩, 보리, 밀알은 왜 그렇게도 맛있었는지! 입가와 볼때기에는 시커멓게 재가 묻어 인디언 아니면 광대 몰골이었다. 서로 쳐다보며 웃을 때는 이빨만 하얗게 빛난다 (사실은 소금으로 적당히 문지른 이빨이라 누렇다). 조강지처불하당(糟糠之妻不下堂) 빈천지교불가망(貧賤之交不可忘), '고생하며 산 아내는 버리지 않는 법이고, 어려울 때 사귄 친구는 잊어서는 안 된다'고 하지 않았는가. 감자, 고구마 철이면 우리 도둑고양이들은 밭이랑 구석구석을 쥐처럼 파먹고 다녔다. 가을철의 무밭도 그랬고 여름철의 외밭에도 흰옷 입은 고양이들이 들락거렸다. 그때는 꾸중하거나 해코지하는 이도 없었고, 어릴 때는 다 그런 것이라며 봐주었고 이해해 주었다.

서른여섯 명이 졸업한 초등학교 졸업사진을 보면 흰고무신을 신은 아이도 있고 검은운동화를 신은 아이도 있다. 꽁보리밥만 먹던 그 시절에도 잘살고 못사는 차이가 있었더라. 검은운동화 신은 아이들은 중학교에 갔고, 나같이 고무신 신은 친구들은 신다 버린 '고무신짝' 신세가 되고 말았다.

처음 보는 남대문이 하늘처럼 높아 보였고, 전차라는 괴물이 등짝에 번쩍번쩍 섬광을 내면서 기어가는 모습이 한없이 신기하게 느껴졌던 그 새벽녘, 그렇게 서울역에 도착한 지 꼭 35년 세월이 흘러갔다. 청계천 바닥에서 검게 물들인 군복을 한 벌 사 입고, 목 긴 군화를 질질 끌고 다닌 것이 대학생활의 시작이었다. 누가 봐도 얼간이 꼴이었다. 쇠가죽으로 만든 군화라 질기기는 고래심줄보다 더 질겼다. 뒷굽이 닳아 초승달 모양으로 패들어가면 학교 앞에서 구두를 수선하는 돋보기 안경을 쓴 아저씨에게 달려가 쇠굽을 해 박고는 떼를 써서 값을 깎았다. 못사는 아이들만 모인 사범대학이라 그랬는지 시계 찬 사람 하나 없었고, 미국으로 이민 간 친구 하나가 코딱지만한 일제 카메라(Pentax)를 가지고 있었는데, 그 친구가 없었으면 대학생활 동안 사진 한 장 못 남길 뻔했다. 그 친구는 생물학과의 사진사요, 대학의 사진사로 유명했다. 시계는 고사하고 라디오 한대 가질 수 없었다. 큰 가게에 가면 로켓 모양을 한, 긴 줄이 몇 개 달려 있는 장난감이 있었으니 그것이 라디오였다. 줄을 길게 메고(안테나 역할을 했던 모양이다) 로켓의 손잡이를 이리저리 돌리면 귀에 꽂은 이어폰에서 "여기는 케이비에스 방송국입니다" 하는 소리가 들려왔다. 그것이 내가 들은 전파의 첫소리였다. 하도 신기해서 귓구멍이 아프도록 이어폰을 밀어넣고 방송을 들은 기억이 아직도 선명하다.

서글픈 시절 이야기는 끝도 없다. 창신동 채석장 밑의, 전라도에서 갓 올라온 엿장수 아저씨의 양철지붕 집 두 방 중 하나를 얻어 셋이 자취를 했다. 그때 서양화를 전공한 친구는 지금은 부산 모 대학의 교수가 됐고, 무역학을 한 친구는 세계 2위라는 섬유회사에서 근무하고 있다. 지금도 셋이 만나면 생명의 은인인 나에게 크게 한잔 사라고 그때 이야기를 하며 웃곤 한다.

언젠가 셋이 모두 거덜이 나 사흘을 굶으며 이불을 둘러쓰고 허깨비를 쫓으며 누워 있었다. 움직이면 에너지 소비가 늘어 오래 버티지 못한다는 것을 알고 있었던 게다. 두 친구는 '뙤놈'이 되고 성질 급한 나는 '왜놈'

이 되어 제일 먼저 그 우리를 뛰쳐나갔다. 지금은 캐나다 밴쿠버에 살고 있는 친구에게 달려가서 지금 돈으로 만 원쯤 되는 돈을 빌려 '불쌍한 내 친구들' 을 살리기 위해 전차 속에서도 뛰었다. "양반은 얼어 죽어도 곁불은 안 쬔다"는 말이 있지만, '사흘 굶은' 우리 대학생 셋이 달려간 곳은 동네 우물가의 천막을 친 풀빵집이었다. 빵보다 파 조각이 둥둥 뜬 국물부터 훌훌 들이켜고 나서야 서로 쳐다보는 눈에 생기가 도는 듯했다. 그래서 나는 졸지에 두 친구의 '생명의 은인' 이 된 것이다.

한 사람의 일생도 쇠가죽만큼이나 질기고, 씹으면 씹을수록 이렇게 달고 쓴 맛이 난다. 아, 세월이 무상(無常)하다.

쇠똥으로 지은 밥이 더 맛있다

아주 조용히 곱게 운명(運命)하거나, 잡았던 권세와 누렸던 호강이 하루아침에 몰락할 때를 일컬어 "짚불 꺼지듯 한다"고 한다. 이렇게 짚불은 한순간 확 타올랐다가 사그라들고 말지만, 쇠똥에 불을 붙이면 천천히 오래 타고 화력도 제법일 뿐 아니라 냄새도 구수하다. 옛날에는 쇠똥에 불을 지펴 밥도 짓고 방도 데웠다.

내 어린 시절, 초겨울은 겨우내 사용할 땔감을 모으는 철로 하루에 두 번씩은 뒷산에 올라야 했다. 한 해 겨울나기가 쉽지 않았던 시절이었다. 그때만 해도 모든 산이 소나무 산이라 소나무의 마른 가지 치기, 땅에 떨어진 솔잎(갈비) 긁어 모으기, 잡목과 억새풀 베기 등으로 나뭇짐을 한 짐씩 해 냈다. 오늘 가는 곳과 내일 가는 곳이 다르며, 오전엔 먼 곳까지 가고 오후엔 조금 가까운 곳을 오른다. 같이 올라간 나무꾼들은 일정한 높이에 도착하면 사방으로 흩어졌다가 한 짐씩 해서는 헤어진 곳에서 다시 모여 함께 내려오는 규칙을 지킨다. 어느 쪽으로 가면 마른 나무가 많이 있을까를 점치는 방법도 있었다. 왼손 손바닥에 침을 뱉고 오른손 중지로 침의 중간을 탁 치면 어느 쪽으로든 침이 많이 튀는 쪽이 나오게 마련이다. 그쪽이 명당이다. 물론 아닐 수도 있지만 우린 항상 침의 계시에 순응하는 선택을 했다. 낫으로 나뭇가지를 친다는 게 손가락을 내리치는 일이 허다했고, 나뭇가지에 찔리고 긁히고 찍히고 미끄러져 넘어지기를 예사로 했다. 그러나 할 일은 해야 했다. 한 짐씩 짊어지고 그 꾸불꾸불한 산길을 달려내려오는 것은 완전히 곡예였다. 아차 하는 순간 미끄러져 나뭇짐을 진 채 몇 바퀴 구른 다음 지게 밑에 깔려 납작빈대가 되어 숨도 못 쉬는 때도 있었다. 그래도 혼자 하는 고생이 아니라서 서럽지 않았고, 세상 사람 모두가 나처럼 이렇게 살겠지 단순하게 생각하며 살았던 행복한 시절이었다. 내가 해 온 나무는 어머님께 때지도 못하게 하고, 한 짐 한 짐 쌓여 가는 걸 보는 재미로 살았다.

해거름이면 내려와 쇠죽을 끓여야 했다. 작은방의 군불도 겸해서 쇠죽을 끓이고 큰방에 불을 지펴 밥을 짓고 나면, 남은 불은 화로에 담아 할머니 방에 넣어 드렸다. 재 속의 불은 방 공기를 따뜻하게 데우고 다음 날 아침 불씨로도 쓴다. 그 밑불에 솔잎이나 가늘게 썬 관솔을 얹어 놓고 훅훅 불어 불을 일으킨다. 소나무는 대대손손 내려온 불씨를 이어 주는 일도 한다. 얼마 전만 해도 이사할 때 불붙은 연탄 '화덕'을 이삿짐 차 뒤에 달아 가져가는 것을 볼 수 있었는데, 그것은 불씨를 지켜 가던 풍습이 남아 있어서일 게다. 한 집안의 불씨를 꺼뜨리는 것은 있을 수 없는 일로, 자기 집의 불씨는 자기 집에서 보관해 왔으니 그 집의 화신(火神)이었다.

6·25 뒤 사회 기강이 문란해졌을 때에는 군인들이 지리산의 나무를 베어 지엠시(GMC) 큰 트럭에 싣고 가 부산 같은 대도시에서 팔아먹는 짓을 하기도 했다. 우리 집에도 잘 드는 톱이 생긴 게 이때의 일이었다. 나는 그때부터 먼 산꼭대기까지 갈 것 없이 가까운 곳부터 이발하듯 차례차례 그 많은 소나무 밑동을 베어 장작으로 패고 말렸다. "곧은 나무 먼저 꺾이고 굽은 나무 선산 지킨다"는 속담처럼 쭉쭉 곧은 놈부터 동강 내기 시작했다. 지금도 대관령을 넘을 때 큰 소나무들이 보이면 '고놈들 베어다 장작 팼으면……' 하는 생각을 할 때가 있으니 '배운 도둑질'은 버리기 어려운 모양이다.

그 시절 진주에 나가 보면 시장 곳곳에서 장작이나 갈비를 한 짐씩 세워 놓고 파는 모습이 보였고, 아침이면 장작을 실은 차가 골목을 돌아다니는 것도 보였다. 외갓집과 고모집은 장작은 못 사고 왕겨와 톱밥을 사다가 풍로를 돌려 불을 일으켜 밥을 짓곤 했다.

1960년대 초, 서울도 큰 차이는 없었으나 조개탄과 이탄(泥炭)이 겨울철 학교 난로에 쓰였고, 가정집에는 연탄과 석유난로가 막 등장했다. 대부분의 학교에서는 주번이 타온 나무토막과 조개탄으로 교실 중앙에 자리잡은 난로에 불을 지폈다. 필자가 중고등학교 선생일 때도 영하 3도는 되어야 탄을 주고 그보다 따뜻한(?) 날에는 호호 손을 불어 가며 공부를 해야 했는데, 나는 이 '영하 3도'라는 기준이 어디서 나왔는지 아직도 궁금하다. 빨간 깃발이 꽂혀 있는 날은 탄을 배급하는 날이었다. 틀림없이 일제 강점기의 잔재가 그대로 남아 기준이 된 것이리라. 영하 3도까지 내려가기 어려운 제주도의 학교에서는 탄 배급이 아예 없었을지도 모르겠다. 아무튼 교실의 난로 위에 쌓아 둔 도시락에서 새어나오는 밥 눋는 내음, 김치 익는 냄새도 그때 그 시절의 정서였으니 그 나름대로 좋았다.

또 하나 그 시절의 제자들에게 미안한 일이 있다. 쉬는 시간에 도시락 먹은 아이들을 잡아다가 괜스레 교무실에 꿇어앉혀 놓고 괴롭힌 일이다. 금강산도 식후경이라는데, 새벽에 나오느라고 아침도 못 먹은 그 아이들의 뱃속 사정은 조금도 고려치 않고 그 차가운 교무실 바닥에 앉혀 놓은 것은 그야말로 풋선생의 풋기였다. 그래도 아이들은 티없이 배실배실 웃는 얼굴들이었고, 소담스러움이 묻어나 귀엽기도 했다.

장작을 때던 내 고향집도 얼마 전까지는 연탄보일러로 방을 덥히고 연탄불이나 석유풍로로 밥을 짓고 국도 끓였으나, 이제는 전기밥솥에, 가스레인지에, 기름보일러까지 쓰고 있다. 우리집뿐 아니고 동네 전부가 가스와 기름으로 소나무 가지와 장작을 대신하고 있다. 덕분에 지금은 잡목이 우거져 올라갈 수가 없을 지경이라고 한다.

독일을 여행할 때 내게 가장 인상 깊었던 것은 잘 정리된 숲이었다. 캐나다나 미국도 마찬가지였다. 누군가는 유태인을 몰래 묻기 위해 히틀러가 숲을 가꾸었다고 하지만 그렇지는 않다. 내가 우리 마을 뒷산의 나무들을 베고 있을 때 나라 전체의 산이 똑같이 벌목되었고 결국 모든 산이 대머리 민둥산이 되고 말았다. 근래에 와서 치산이 잘된 나라로 우리 나라가 꼽히고 있다니 이 얼마나 다행한 일인가.

우리의 연료는 쇠똥 → 짚 → 왕겨 → 톱밥 → 나무 → 장작 → 조개탄 → 연탄 → 석유풍로 · 기름보일러 → 가스레인지 · 가스보일러로 무섭게 변해 왔다. 하지만 내 뒷집 할머니는 아직도 연탄 한번 마음껏 못 쓰고 아낀다.

사실 우리 나라는 월남전 특수와 중동바람 덕분에 역사에도 없는 벼락

부자(?)가 되었다. 그러나 모두가 선생들은 열심히 가르치고 학생들은 부지런히 배워 나라를 이만큼 일궈 놓은 것이다. 우리 나라에 머리밖에 뭐가 더 있겠나. 땅값 올라 돈 몇 푼 번 벼락부자 졸부들의, 어깨 올리고 목에 힘주는 졸부 근성이 보기 싫고, 부자나라나 된 것처럼 거드름을 피우는 나라꼴도 아니꼽다. '돈 벌었다고 상투까지 틀 수 있는' 것으로 생각하는 속물 근성을 버려라. 모두가 제 자리를 찾아 수분지족(守分知足)하고 근검절약해야 할 일이다.

핫바지 걸쳐 입고 쪼그리고 앉아 부지깽이로 속불을 뒤적거리며 쇠죽 끓이던 그때가 그리워지는 것은 나이 탓일까.

|어머님 전 상서|

　　　　　　　　어머님, 그간 편안하신지요. 어머님 계
시는 곳에도 해가 뜨고 달이 지고, 비가 오고 바람도 부는
지요. 어머님께 글월 올린 지도 벌써 이 년이 다 되었습니
다. 차일피일 바쁘다 보니 그렇게 된 것을 용서하십시오.
　저희들은 어머님이 걱정해 주시는 덕분으로 아무 일 없
이 잘 지냅니다. 어머님의 전부였던 민석이는 벌써 대학
생이 되었답니다. 민석이에게 남기신 글 "몸 건강하고 공
부 열심히 해라. 할머니 씀"이 어머님의 마지막 유필이
되고 말았습니다. 그 글의 원본은 민석이 일기장에 들어
있고, 하나를 복사하여 불효자의 연구실에 붙여 놓고 어
머님이 보고 싶으면 그 글을 보곤 한답니다. 집에 오면 큰
년 방 벽의 어머님 사진을 찾아뵙습니다. 지금도 어머님
은 제 가까이 계십니다. 이 년이 지났으나 세상 떠나신 것
이 실감이 안 납니다. 석이는 애비의 전공을 따라 하겠다
고 생물학과에 들어왔습니다. 큰년은 순흥 안가한테 시집

가서 미국에 가 살고 있습니다. 어머님이 계셨으면 무척 귀여워해 주셨을 겁니다. 아직은 애가 안 생겨 에미와 걱정을 하고 있습니다. 귀염둥이 효남이도 튼실합니다. 에미도 건강한 편이나 이제는 밥할 때도, 텔레비전을 볼 때도 안경을 써야 한답니다. 사위를 봤으니 그럴 만도 하지요. 어제 저녁에도 에미가 해 준 닭다리를 먹으면서 "여보, 엄마 생각이 난다"고 어머니를 그렸답니다.

어머님, 지금도 어머님의 피골이 상접한, 해골과 다름없던 모습이 가끔 생각납니다. 자식도 알아보시지 못하고 멍하니 초점 잃은 눈으로 사방을 휘둘러보시다 부엌으로 달려가시던 그 모습도 자주 떠오릅니다. 대소변을 가리지 못하시니 물도 많이 못 드리고 밥도 조금씩 드렸으니 목도 마르시고 배도 많이 고프셨지요. 누구나 늙으면 그렇게 되는 노망을 요사이는 치매증이라는 이름을 붙이고, 알츠하이머 증후군(Alzheimer syndrome)이라고 부른답니다. 세상 떠나시기 전 제가 큰집에 내려가 발톱을 깎아 드렸지요. 그것이 이 불효자와의 마지막 살만짐이 될 줄은 몰랐습니다.

어머님, 요새는 주무실 때 눈을 감고 주무시겠지요. 세상 떠나신 후 아무리 눈을 감겨 드려도 감지 않으셨습니다. 평생을 기다렸던 아버지를 못 보고 가시자니 눈을 감을 수 없으셨다는 것을 이 자식은 잘 알고 있습니다. 해 종일 산 아래 길자락에서 님 그림자 어리기를 얼마나 기다렸던고. 평생을 학수고대했으나 감감 무소식.

아버지가 일본놈들의 방패막이 학도병으로 끌려가신 뒤 두 자식 키우시느라 일본에서 몰래 하는 '야미 쌀장사'까지 하셨다지요. 2차대전이 끝나고 나라가 해방되어 아들 둘을 데리고 귀국선을 탔고, 그때 제 나이 겨우 네 살. 아버지 얼굴은 기억 못 해도 아버지가 자전거를 태워 주시던 것과 면회 갔을 때의 모습 같은 몇 가지는 기억을 헤집어 보면 약간 떠오른답니다. 미국 비행기가 폭격할 때 물이 출렁거리는 방공호에 들어갔던 기억도 납니다.

어머님, 어머님께서는 두 자식 키우시느라 너무도 어렵고 힘드셨지요. 그리고 애비 없는 후레자식들이 되지 않게 키우기 위해 그렇게 엄하셨고, 또 그렇게도 많은 사랑을 주셨습니다. 그리고 어머님은 한과 기다림 그 자체였습니다. 그렇게 기다리던 님을 못 보고 가셨으니 눈을 감으실 수가 있나요. 우리 자식들이 어데를 갔다가 늦게 오면 버스 정류장까지 나오셔서 기다리셨던 어머님. 다리에 힘이 없으셨을 때는 대문 앞에서 기다리셨죠. 자식을 기다리면서 남편을 기다리고 있었다는 것을 이 자식은 압니다. 어머님, 이제는 그곳에서 아버지를 만나셨으니 주무실 때 눈을 감고 주무십시오. 이 자식이 어머님의 시신에 얼굴을 비비며 한없이 울어 보아도 어머님의 눈은 뜬 채였습니다. 그렇게 원하시던 아버지와 합장을 해 드리지 않았습니까. 아버지가 입대하실 때 두고 가신, 어머님이 그렇게도 귀하게 간직해 오셨던 아버지의 손발톱과 몇 올 안 되는 머리카락을 합장해 드렸지요.

초등학교 몇 학년 땐지는 기억이 안 납니다만, 점심에 김치 국밥을 해 주셔서 "엄마, 또 김치 국밥이에요" 했다가 어머님께 크게 꾸중 듣고 그 다음부터는 밥투정을 안 했답니다. "이놈아, 그것도 못 얻어묵는 사람이 천지다, 밥투정하면 복 못 받는다"고 하시면서 느닷없이 귀싸대기 한 대 때리셨지요. 지금도 자주 에미한테 김치 국밥 해 달라고 해서 어머님을 생각하면서 먹습니다. 부모의 죽음 앞에 불효자가 더 슬피 운다고, 이렇게 어머님이 그리운 것을 보면 오길이도 불효자 중의 불효자입니다. 살아

생전에 못 해 드린 것도 많아 항상 마음에 걸립니다. 좋은 한약도 해 드리고 싶었고, 아버지 세상 떠난 곳 오키나와도 여행시켜 드리고 싶었으나 모두 한(恨)으로 남고 말았습니다.

어머님, 지금이라도 어머님께 용서를 빌 것이 있습니다. 제가 초등학교 졸업 후 중학교에 못 가고 뒷산에서 나무할 때입니다. 한겨울 해거름에 뒷산에서 나무를 하고 있는데, 중학교 교복을 입고 모자를 쓴 친구들이 방학이라고 막차 버스에서 내렸습니다. 그때 그 사건 말입니다. 교복 입고 모자 쓴 친구들이 어린 마음에 왜 그렇게 부러웠는지 모릅니다. 큰 돌로 지게를 쾅쾅 때려 부숴 버리고 울면서 내려와 "어머이, 나도 학교 보내주이소"라며 어머니께 달려들었을 때 어머니도 울고 저도 울었지요. 어머니는 저를 와락 끌어안고 제 얼굴에 얼굴을 비비며 우셨답니다.

자식을 학교에 보내지 못하는, 남편 없는(그때도 살아 계실 것으로 믿고 계셨지만) 홀어머님의 깊은 마음을 헤아리지 못했던 저를 용서하십시오. 이제야 어머님의 마음을 조금은 이해할 것 같습니다. 형님 하나 공부시키기도 버거워 빚을 내고 하는 판에 동생놈은 당연히 일을 해야 했던 그때의 사정을 말입니다. 지금 같으면 도시로 뛰쳐나가기나 했겠지만 그때는 시골에 사람이 훨씬 더 많았을 때라 엄두도 못 내었지요. 어머님, 뒷산 꼭대기에 나무하러 올라가 발뒤꿈치를 들고 동쪽을 보면 진주 남강 백사장이 살짝 보입니다. 형님이 공부하고 계시던 그 진주로 날아가고 싶곤 했답니다. 중학교에 가고 싶은 게 아니라 형님이 보고 싶어서 그랬답니다. 혈육이 형님밖에 더 있습니까. "부부는 의복이고 형제는 수족과 같다"고 했지요.

어머님, 그래도 제가 공부할 운이 있었던 모양입니다. 한 짐 나무를 부려 놓고 종고모부님께 인사드렸더니 지금도 생생한 그 말씀. "와 저런 아를 공부를 안 시키고 지게를 지이오, 내년에 옥종중학교에 보내이소." 처음에는 반신반의했지요. 그곳에서 자취할 때 어머님은 아픈 발을 절룩거리며 쌀, 김치 나르시느라 고생 많으셨습니다. 자식이 공부를 하게 되었으니 어머니도 기쁘셨겠지요. 그렇게 저의 운명을 바꾸어 주셨던 그 종고모부님께 은혜도 못 갚았는데 요절하시고…….

"어머이, 내 진주고등학교 시험 한번 쳐 볼래요"라며 많이도 졸랐지요. 합격 번호가 119번이었습니다. 밥은 고모집과 외갓집을 오가면서 얻어먹고 외삼촌이 등록금을 주셔서 겨우겨우 졸업했지요. 저도 선생입니다만, 지금 생각하면 선생님들이 미운 일이 있답니다. '교육자'라는 그분들의 이중성. 시험 때만 되면 납부금(등록금)을 못 낸 아이들에게 등교 정지를 내립니다. 시외버스 종점에서 외삼촌을 기다렸다가 기름때 묻은 돈을 받아 내기도 하고, 끝까지 돈을 못 내면 형님 친구분인 최 선생님께 달려가 말씀드려 시험은 겨우 보곤 했습니다.

어머님, 제가 대학은 거의 포기했었지요. 그러나 합격하면 소를 팔아 주시겠다는 외삼촌의 약속에 용기를 내 시험을 봤지요. 그런 외삼촌이 제 대학 졸업식 때 오시고 나서 그만 익사사고가 났습니다. 이렇게 은혜를 입었던 많은 분들께 작은 보은도 못 하고 살아가고 있습니다. 언젠가 이런 말씀을 하셨지요. 네 애비는 공부하다 일본놈 때문에 죽었다만 너희들은 공부 열심히 해서 '애비의 포원(抱冤)'을 갚으라고. 그 말씀을 항상 제 마음 속에 간직해 두고 아무리 어려움이 있어도 열심히 공부했습니다. 이렇게 부모의 말 한마디가 자식의 운명을 결정할 수 있다는 것을 절실히 느끼고 있습니다. 어머님, 고맙습니다. 대학교수가 되었다고 그렇게 좋아하시던 어머님의 모습이 엊그제같이 떠오릅니다. 아버지가 교수가 되신 것이나 다름없다고요.

어머님, "문둥이라도 좋으니 남편이 있어야 한다"고 가끔 말씀하셨지요. 제 주변에서 어머니처럼 혼자서 자식을 키우는 분들을 보면 어머님 그 말씀이 생각납니다. 남편이 늘 옆에 있는 사람들은 느끼지 못하는 홀어머니의 서러움과 어려움을 대변하신 말씀입니다.

어머님, 보고 싶습니다. 제가 중학교 때까지 어머니 젖을 만지며 컸다지요. 아버지께 불효자식 오길이 잘 있다고 전해 주십시오. 아버지는 손자 손녀들, 며느리 얼굴도 모르십니다. 이렇게 저렇게 생겼고, 마음씨는 이렇고, 낱낱이 말씀드리십시오. 꿈에라도 자주 다녀가십시오. 며느리는 가끔 시어머니 만난 꿈 얘기를 합니다. 그리고 어머님, 이승에서 못다 한 한을 푸시고 아버지와 행복하게 사십시오. 어머님 은혜 호천망극(昊天罔極)하나이다.

수욕정이풍부지(樹欲靜而風不止)하고 자욕양이친부대(子欲養而親不待)라, 나무는 가만히 있고 싶으나 바람이 그치지 않고 자식은 효도하고 싶으나 부모가 살아 계시지 않는구나.

불효자 오길 올림

사랑하는 딸에게

　　　　　　작수성례(酌水成禮) 후 곧바로 너를 떠나보냈는데 벌써 반 년이 넘었구나. 한겨울에 떠났는데 어언 봄이 지나고 여느 해와 다름없이 더운 여름이 되었으니 세월이 빠르기만 하다. 그래서 옛 사람들이 "세월은 흐르는 물과 같다〔歲月如流〕"고 했는가 보다. 누군가는 세월이 가는 것이 아니라 사람이 가는 것이라고 했는데 한편으로 일리가 있어 보인다.

　　그래 몸은 어떠냐. 안 서방도 몸 건강히 잘 지내고 있겠지? 지난 번 편지에 그곳도 '찜통'이라고 했는데, '더위는 병'이라고 하니 섭생에 힘쓰도록 하여라. 안 서방이 식성이 좋다니 다행이다만 삼계탕도 가끔 해 주도록 하렴. 육체의 건강 없이는 공부도, 연구도 하기 어렵다.

　　우리는 너희들의 염려 덕분으로 아무 탈 없이 잘 지내고 있다. 민석이는 방학하자마자 시골에 가서 지리산 기(氣)를 흠뻑 마시고 왔다. 막내로 태어나 유리관에서 삼

개월 가까이나 생사를 다투었던 그 아이가 이제는 73킬로그램이나 나간 다니 흐뭇하다. 시골의 할아버지, 할머니들께서도 편안하시고 동리 분들 도 무고하시나, 아빠의 죽마고우 핵이 아저씨가 반신불수가 되어 누워 있 단다. 애처롭기만 하다. 효남이도 대학원에 가겠다고 여느 때보다 더 열 심히 공부하고 있다. 언니의 조언이 항상 힘이 된다고 하니 가끔 격려하 는 편지라고 해 주렴. 부모의 죽음보다 한배에서 태어난 형제자매의 유고 가 더 아픈 충격을 준다고 하니 얼마나 귀하고 가까운 동생이냐. 엄마는 여일(如一)하시다. 가끔 너희들이 보고 싶어 눈물샘이 열리곤 하지만 건 강하니 조금도 걱정하지 말아라. 내가 위로하고 힘도 준다. 나도 방학하 여 마음은 가뿐하나 도감을 내느라 삼 년 넘게 쌓인 피로가 골병이 되었 는지 허리가 좋지 않아 쉬고 있다. 디스크는 누워 있어야 한다니, 누워서 몇 년 못 읽은 책이나 실컷 읽으려 한다. 다음 학기를 위한 재충전이다.

효정아, 만나면 헤어지고 헤어지면 또 만난다고, 우리도 얼마 후에 만 나겠지. 이 애비도 가끔 너희들이 보고 싶다. 공항에서는 목이 메어 하고 싶은 말도 못 하고 집에 돌아오니 네 방은 하나의 텅 빈 공간이었고, 나의 마음 한구석에도 뻥 뚫린 구멍이 하나 생겼지. 너의 칫솔이 꽂혔던 곳까 지도 둥그런 구멍이었단다. 이별의 아픔을 그렇게 처절하게 느껴 본 것은 처음이었다. 대문에서는 '아빠' 하는 소리가 들리는 것 같았고, 골목의 '딱딱' 하는 여자들의 발소리에 놀라 일어나 대문을 물끄러미 쳐다보곤 했다.

애비의 마음이 이럴진대 엄마는 어떠했겠니. 네 엄마는 창 밖 하늘을 바라보면서 "여보, 아이들이 지금 어디쯤 갔을까요?" 하다가는 오열이었 다. 나는 "어디는 어디야? 하늘이지" 했구나. 엄마의 걱정은 철없는 네가 어떻게 남편을 섬기고, 어떻게 밥이나 해 줄까 하는 감성적이고 원초적인 걱정이었단다. 그것이 모정이지. 너도 읽은 에리히 프롬의 『사랑의 기술』에도 나오지 않더냐. 아버지의 사랑은 조건이 있는 사랑(conditional love)이고, 어머니의 사랑은 맹목적이고 본능적인 무조건의 사랑(unconditional love)이라고. 아버지는 집 나간 개를 기다리는 것 같은, 그냥 보고 싶고 허전한 마음이었다면(네가 개라는 뜻은 아니다), 엄마는 낯선 곳의 집, 식기, 먹거리 등을 생각하고 사위의 사랑을 생각하고 있었단다. 너도 어머니가 되어 어머니를 알 때가 오겠지. 공항에서 딱 한 마디밖에 못 한 아빠가 너에게 들려 준 "가문을 욕되게 하지 않도록"이란 말을 항상 마음에 간직하고 신독(愼獨)하여라. 사람은 망각의 동물이라 그때의 그 애절함도 무뎌져서 작은 흉터로만 남게 되는 것이다. 이제야 세월이 약이라는 말을 실감하고 있다.

로마에 가면 로마인이 되라는 말은 바뀐 환경에 빨리, 잘 적응하라는 뜻이 아니겠니. 부족한 돈을 아껴 가면서 억척같이 살아가는 너의 모습이 대견스럽다. "하루 일하지 않으면 하루를 먹지 말라[一日不作 一日不食]"고 했듯이 '밥값'을 하고 살아야 한단다. 아빠도 외국생활을 하면서 경험했다만, 까마귀도 고향 까마귀가 좋고 어떤 때는 바람소리까지 그리울 때가 있다. 사람이나 동물은 환경이 좋아 안정된 상태에서 지내게 되면 변화와 발전(진화)이 없다고 한다. 그래서 젊어 고생은 사서라도 해야 하는 게 아니겠니. 기한발선심(飢寒發善心)이란 말이 있다. '못 먹고 추울 때 착한 마음이 생긴다'는 뜻으로 고생의 가치를 잘 표현한 것이다. 포난생음욕(飽暖生淫慾), '배부르고 따뜻하면 음욕만 생긴다'고, 어려운 환경에서 새로운 것이 창조되는 것이다. 한겨울의 그 처절한 추위가 뼈 속에 사무쳤기에 매화가 초봄에 꽃을 피우는 것이 아니겠니.

효정아, 아빠가 보내 준 유성룡 선생의 종부(宗婦) 박 할머니의 책 『명가(名家)의 내훈(內訓)』은 잘 받았겠지. 네 짐 속에 넣어 준다는 것을 잊어버려 따로 소포로 늦게서야 보냈구나. 명문가의 큰며느리가 쓴 매우 소박한 내용의 책이 아니더냐. 출가외인으로서의 덕목과 삼종지도(三從之道)가 강조되어 있다. 어릴 때는 부모를 따르고[幼從父母], 시집 가면 남편을 따르고[旣婚從夫], 남편 사후에는 자식을 따르라[夫死從子]는 것이 삼종지도이다. 하회에 갔을 때 세 권을 사서 한 권은 너에게, 또 한 권은 네 여동생에게 주었고, 나머지 한 권은 엄마가 읽은 다음 며느리에게 주겠다는 책이지.

그 책에서 기억나는 게 몇 가지가 있다만, '일단 후퇴 작전'이 제일 먼저 생각난다. 부부는 원래 다른 환경에서 컸기 때문에 식성도, 사고방식도, 심지어 이를 닦는 방식까지도 다 다르다. 이런 사람들이 만나 같이 살아가는 것은 여간 어려운 일이 아니라, 자기 주장을 세우다 보면 부부싸움이 있게 마련이다. 이때 여자는 일단 후퇴 작전을 잘 활용해야 한다는 지혜의 말이다. 남자의 자존심을 생각해서 남편이 불뚝성(화)을 내면 여자는 고개를 숙이고 열만 헤아리라는 인내를 가르치고 있다. 그러고 나면 남자들은 보통 화낸 것을 미안하게 생각하고 반성할 줄 안다는 것이다. 남편이 화를 낼 때 여자도 따라서 코브라처럼 머리를 쳐들고 달려들면 충돌만 일어나니 아예 참아야 한다고 박 할머니는 말씀하셨다.

나도 부부는 많이 싸워야 한다고 가르친다만, 싸움의 도(度)를 지킬 줄알아야 한다. 너희 부부도 싸움은 하되 싸움하는 날을 따로 정해서 그날만큼은 그 동안 쌓아 둔 것을 모두 풀어헤치고 대판 싸워 보렴. 싸움이란 언제나 아주 사소한 것에서 시작한다. 날을 정해 보따리를 풀면, 큰 싸움이 되게 하는 격한 감정들은 그 동안 여과되어 더 이상 싸움거리가 되지 못할 수도 있다. 그래서 삶은 참음이다. 그리고 부부싸움을 입(말)으로 하지 말고 손끝(글)으로 해 보렴. 나는 이렇게 생각하고 저렇게 느꼈다, 당신은 이런 점은 좋으나 저런 것은 고쳤으면 한다……. 이런 식으로 글로 싸워 보기 바란다. 글을 써서 책상 위에 두거나 남편의 호주머니에 넣어 두는 것도 참 좋겠다. 둘이 하나되기 위한 촉매제는 결국 부부싸움이니, 싸움 그 자체를 과소평가도 과대평가도 하지 말고 부부의 금실을 탄탄하게 해 주는 것으로 바라보기 바란다.

네가 시집 가기 며칠 전에도 아빠가 큰소리치며 엄마와 싸우는 것을 보았을 것이다. 사실 그때는 네 엄마한테 내가 눈을 껌벅껌벅하면서 일부러 큰소리로 싸웠다. 교육이었다. 부부란 별것이 아니고 그렇게 다투며 사는 것이라는 것을 네게 직접 보여 주고 싶었다. 결혼에 대한 기대를 너무 크게 갖지 않기를 바란다. 기대가 크면 실망도 큰 법이다. 아빠와 엄마가 살아오는 것을 너는 보아 왔잖니. 그렇고 그런 것이 결혼이요, 인생인 것이다.

효정아, 하늘보다 높은 것이 무엇이더냐. 하늘 천(天) 위에 있는 것은 지아비 부(夫)다. 하늘 천(天)자 위에 점을 찍어 보렴. 하늘보다 높은 것은 남편이고, 이는 동서고금이 다르지 않다. 모든 남편들의 최고의 바람이 무엇인지 아느냐. 돈도, 명예도, 권력도 아니고 제 처한테서 인정받는 것이란다. 사나이들이 목숨까지 걸고 그놈의 삼부(三富)를 찾아 헤매는 것도 다 제 마누라한테 인정받기 위해서란다. "여보, 당신이 제일이야"라는 말을 사용하는 데 인색하지 말아야 한다. 다른 표현으로는 "나는 참 행복해요"라는 말도 있다. 남편의 기를 살려 줄 줄 아는 것이 아내의 진정한 내조이다. 이 편지 읽자마자 한번 실천해 보려무나. "I am happy!"

그리고 그곳에도 한국교포들이 제법 살고 있다지. 같은 피의 중요성을 느끼고 어울려 살도록 하여라. 물이 너무 맑으면 고기가 없듯이〔水至淸則無魚〕 사람도 너무 이것저것 재고 따지면 친구가 없다〔人至察則無徒〕고 하였다. 잘나면 얼마나 잘났으며 못났으면 또 얼마나 못났겠느냐. 좀 어눌하게 살면서 고즈넉하게 인생의 악보에서 때로는 한 박자 쉬어 가는 것도 좋다. 우리 나라 사람들의 큰 약점 중 하나가 타국 땅에서조차 서로를 헐뜯는 것이다. 서로 위하고 아끼며 살도록 해야 한다.

너의 결혼식 전날, 아빠가 '착한 일을 많이 한 집안에는 경사가 넘쳐흐른다〔積善之家必有余慶〕' 라는 이야기를 해 준 기억이 난다. 사람의 만남은 귀한 인연 때문이다. 이승에서 한 번 옷깃만 스쳐도 이미 전생에서 오백 번의 만남이 있었다고 하지 않더냐. 그러니 부부의 인연은 무엇보다 강한, 끊을 수 없는 인연이다. 연을 귀하게 여길 줄 알아야 한다고 옛 어른들도 말씀하셨다.

효정아, 애비가 변변치 못하여 경제적으로 도움을 주지 못해 미안하다. 김치 국물도 버리지 않고 재생(?)한다는 너의 알뜰함에 엄마도 탄복하더라. 시집을 가니 저렇게 바뀐다고. 오냐, 내 딸이 제일이다. 이국 땅에서는 건강이 제일이다. 항상 섭생에 유의하고, 차조심해야 한다. 안 서방한테도 안부 전하여라.

가화만사성(家和萬事成)이다. 안녕!

서울에서 아빠가 보냄

낙성(落聲)

앞에서 뒤로, 뒤에서 앞으로 읽어도 같은 말에 '토마토'가 있는데, 그것과는 또 다른 재미있는 단어가 있으니 '도그(dog)'라는 단어다. '개(dog)'와 '신(god)'이 한 단어 속에 들어 있는 것은 우연이라기보다는 의도적인 것 같다. 겉은 신처럼 고매해 보여도 속에는 탐욕스런 개 같은 본성이 들어 있을 수 있다는 뜻이 아닐까.

외청내탁(外淸內濁), 겉은 깨끗하나 속은 더럽다. 정도의 차이가 있을 뿐 모든 인간은 이중적이고 양면성을 가지고 있다. 개와 하느님은 먼 곳에 있지 않고 한 단어 속에 있다. 사람이 사람답지 못하면 개만 못한 것이고, 사람이 사람보다 나으면 곧 하느님이다. "부처는 깨달은 중생이요, 중생은 못 깨달은 부처다"라는 말과 일맥상통하는지도 모르겠다. 우리가 항상 바르게 생각하고 세심(洗心)하면서 사는 것은 개에게서 멀어지고 싶은 이성의 발로일 것이다. 오늘도 많은 사람들이 평상심으로 살아가려고 애쓰고 있다. 평상심시도(平床心是道), '평상심 그것이 곧 길'이라고 어느 큰스님은 설파하셨다.

그러나 어느 인간이나 그렇게 정도(正道)만을 걸을 수는 없다. 그래서 '낙서인생'이란 말이 있다. '낙서(落書)'란 말에는 글을 옮기다가 잘못하여 글자를 빠뜨렸다는 뜻도 있고, 함부로 아무 데나 글을 쓰거나 그림을 그리는 짓이라는 뜻도 있다. 꽉 채우지 못해 구멍이 숭숭 뚫려 버린 '이빠진 삶'도 낙서인생이요, 지금의 필자처럼 헛소리를 글로 옮기는 이 짓도 낙서인생인 것이다.

우리는 낙서를 종이, 담벼락, 바위, 나무에까지 하고 서양사람들은 달리는 전철에도 한다. 낙서는 본능일까? 한 살만 넘으면 종이에 알 수 없는 뭔가를 끄적끄적 그려 놓고 그것이 '나'라기도 하고, 동그라미 하나 그려 놓고 엄마라고 그럴싸하게 우긴다. 분필을 쥐여 주면 온 마당이 칠판이 되고, 초등학교에 들어가면 글을 좀 배웠다고 담벼락에 'ㅇㅇ바보'는 예사요, 조금 더 크면 생식기 이름까지 등장한다.

뭔가를 곰곰이 생각할 때 무심코 휘갈겨 놓은 낙서, 회의장에서 끄적거린 낙서, 전화를 주고받으면서 한 낙서도 정서적으로 안정되고 기분이 좋을 때와 불안하고 우울할 때가 다 다르다고 한다. 이 낙서를 분석해서 심미적인 사람, 공격적인 성격의 소유자, 내성적인 사람 등으로 분류하는, 낙서 분석을 전문으로 하는 학자도 있다. 확실히 낙서는 사람마다 다르고 때에 따라 조금씩 달라지는 게 사실이다.

공중화장실의 낙서가 남녀의 성(性)을 소재로 하고 있다면 그것은 성적으로 만족하지 못한 사람들의 작품임을 알 수 있다. 채집을 다니면서 자주 보게 되는 여관방 벽의 낙서도 그런 부류에 속한다. 여학생은 자기 그림 속의 예쁜 소녀가 되고 싶은 심정이고, 황금박쥐를 그린 남학생은 천하를 자기 것으로 만들고 싶은 욕망이 있듯이, '성(sex)'에 대한 낙서도 자기 욕구의 표현이요, 곡한 마음을 푸는 하나의 분출 수단이다.

이렇게 보면 낙서는 과소평가할 수 없는 인간 속성의 하나임을 알 수 있다. "사랑은 죽음보다 귀하다"거나 "지혜가 없으면 땀을 흘려라"라는 순애적이고 계몽적인 낙서가 학교 화장실에서 보는 낙서다. 그런가 하면 학교 화장실의 낙서는 그 시대를 예리하게 반영하고 있다. 어느 대통령은 '剪頭漢(전두한)'이 되고 또 어느 대통령은 '노가리'로 바뀌는가 하면, 미국(美國)은 '尾國'으로 추락하기도 한다. 이렇게 한 줄 낙서로 개인과 나라를 들었다 놓았다 한다. 한동안 반정부 구호들만 보다가 요사이는 "힘들다. 정말 힘들다. 논문 없는 세상에서 살고 싶다"라고 학업의 어려움을 토로하는 낙서가 많이 눈에 띈다.

낙서는 한 사람의 심리 상태를 나타낼 뿐 아니라 시대를 반영하는 역사성을 갖고 있다. 게다가 집단심리에 휩쓸려 하는 낙서도 있다. 한국인의 긍지, 교수의 체면도 아랑곳 않고 필자도 뉴욕의 마천루 꼭대기 전망대 벽에 작은 틈을 비집고 '권오길' 석 자를 써 두고 왔다. 우리 선조들도 명산 암벽에 크게 이름을 새겨 둔 것을 보면 이름을 남기고 싶은 욕심에 낙서를 하기도 하는 모양이다.

배꼽을 쥐게 만드는 낙서도 있다. 화장실에 앉으면 바로 눈앞 벽면에 '→' 표시가 있어서 그쪽으로 고개를 돌리니 또 화살표가 나오고, 계속 고개를 돌려 따라가니 마지막에는 '뭘 봐'라고 씌어 있어 싱긋 웃고 말았다. 이렇게 보는 사람의 기분을 좋게 해 주는 낙서도 있다.

화장실 이야기가 나왔으니 몇 자만 더 쓴다. 학생들도 습관의 동물이라

변을 보고 물을 내리지 않는 사람들이 있다. 수세식 변기에 익숙지 않은 사람들이다. 미국의 한 대학 기숙사의 좌변기에 항상 신발 자국이 나 있어 그 범인(?)을 찾아보니 후진국의 유학생이었다는 이야기처럼, 화장실 사용도 습관의 영향을 받는다. '폭탄 떨어뜨리고, 소나기 뿌리고, 삐라 한 장 날려 버리는' 데 습관이 든 사람은 변을 보고는 그냥 나가 버린다. 오죽하면 "사용 후에는 물을 내리시오"라는 푯말을 코앞에 붙였겠나.

낙서 못지않은 정신 청량제가 아마 '욕'이라는 '소리의 낙서'일 것이다. 낙서가 글이나 그림이라면 욕은 소리의 낙서, '낙성(落聲)'임이 틀림없다. 욕에는 말로 하는 소리의 욕이 있고 몸으로 하는 '보디 랭귀지(body language)' 욕이 있다. 소리의 욕은 나라마다 말이 달라 다 다르지만, 얼굴과 손발을 사용하는 욕은 유사한 점이 많아 서양사람들도 엄지손가락을 쓰거나 가운뎃손가락을 쳐드는 짓은 우리와 똑같다.

욕도 심리적인 압박에 대한 하나의 반작용이다. 젊은 군인들이 휴가 나올 때나 제대 때 열차칸에서 벌이는 욕지거리, 몸놀림, 노래를 보고 듣노라면 이해가 간다. '금순이'는 사랑하고 싶은 여인의 대명사요, '×새끼'는 군영에 갇혀 있을 때 가장 참기 어려웠던 상사에 대한 스트레스 아닌가. 그들 눈에는 치마만 두르면 모두가 절세미인(絶世美人)이요 경국지색(傾國之色)으로 보인다.

이러한 직선적이고 노골적인 표현은 아니더라도, 보통 사람들도 욕이라는 수단을 적절한 사람과 적당한 장소에서 구사하고 있다. 욕은 자신의 문제를 표현하기도 하지만 집단과 사회의 문제를 대변하기도 한다. 교수들도 주책을 부리는 나이 많은 교수나 시답잖은 총장 등 '닭벼슬' 하는 보직교수에 대한 불만을 욕으로 풀고, 회사에서는 사장·회장이 밥이 되고 안주가 된다. 장관이나 대통령은 아무리 잘해도 혓바닥의 표적이 되어 '죽일 놈', '나쁜 새끼'가 된다. 사람은 겉으로는 아닌 척해도 자기보다 위에 있는 사람은 무조건 타도의 대상, 욕지거리의 대상으로 삼는다. 그러므로 이 세상에서 욕이 없어지려면 지구가 망해야 한다는 결론이요, 낙서와 욕이 있다는 것은 지구가 살아 움직인다는 뜻이다.

필자도 상당한 험구(險口)라는 평을 듣고 있고, 진주고등학교 29회 동기생들은 아직도 나를 '욕쟁이'라고 부른다. 필자는 그렇게 불러 줄 때마다 고맙게 생각한다. '훈도(訓導)해야 할 교수가 저렇게 욕을 하다니!'하고 못마땅해하는 친구도 있으나, 교수는 교단에 섰을 때 교수이지 친구 사이에서는 단지 친구일 뿐이기에 이렇게 나이가 들어도 어린아이처럼 욕하며 지낸다. 재치있게 던진 욕은 술잔을 맞대는 것과 같은 효과가 있어 상대방이 친근감을 느끼게 하는 이점도 있고 분위기를 자연스럽게 풀어 주는 효과도 있다. 가깝지 않은 상대와는 절대로 욕을 나눌 수 없다. 그만큼 마음을 열고 친하다는 의미가 그 욕 속에 들어 있는 것이다. 욕은 뇌에 끼인 노폐물을 씻어 내는 세제 역할을 한다.

낙서와 욕, 욕과 낙서는 어느 하나를 앞자리에 놓을 수 없다. 그 둘은 인간과 깊은 관계를 맺고 있으며, 담배나 술 못지않게 정신의 정화에 공헌하고 있다. 아스피린보다 더 좋은 약이다.

또한 낙서와 욕에는 장난기가 가득 차 있다. 장난기는 어린아이들에게서 더 많이 찾아볼 수 있으니, 하여 젊고 싶으면 낙서와 욕을 즐겨라. 그것도 장수 비법의 하나다.

입 닦는 종이에 서명을 하고

　　　　　　　　　　　선생(先生)이란 '먼저
태어났다'는 뜻이 아닌가. 일본에서 이 말은 마음으로 존
경하고 진심으로 사표(師表)가 되는 사람에게 쓰는 말이
다. 그러나 우리의 '박 선생', '김 선생'은 이미 한 수 아
래인 사람을 칭하고, "박 선생, 왜 이러시우?" 하면 멸시
의 뜻까지 들어 있다. 물론 학교 안에서 부르는 선생님은
뜻이 다르지만. 이렇게 선생은 우리 사회에서 별 볼일 없
는 사람으로 통하는데 교수도 예외가 아니다.
　5공화국 시절에 소위 '닭벼슬'인 학생과장을 맡았을
때의 일이다. 생각지도 못했던 일들이 매일같이 불쑥불쑥
불거져 나왔다. 학생들이 총장실을 점거한 채 단식농성을
하고 있어서 아침 일찍 마지못해 다른 학생과장들과 농성
장에 들어가 이야기를 좀 해 보려던 참이었다. 벽에 기대
앉은 여학생 하나가 대뜸 "배때기 나온 교수 나가라, 나
가라"며 나를 몰아붙이는 게 아닌가. 먹지 못해 얼굴은

수척했지만 목소리는 카랑카랑하고 살기까지 느껴졌다. 이럴 때는 피해야 한다는 것을 오랜 경험으로 알고 있었기에 '핫바지에 방귀 새듯' 그들을 방기(放棄)하고 나와야 했다.

나는 강의시간에 내 소원이 무엇일 것 같으냐고 물어 보곤 한다. 학생들에게 그들의 부모 세대가 얼마나 어렵게 살아왔나를 일러 주기 위해서다. 그들이 나의 포원을 알 리가 없다. "배가 터져 죽는 것이 내 소원이다"라면 학생들은 놀라며 폭소를 터뜨린다. 어릴 때 그렇게 못 먹고 자랐기 때문에 나는 아무거나 많이 먹는다. 또 아이들에게는 "먹어라, 더 먹어라"가 내 입버릇이 되었다. 그런데 이제 조금 먹어 배가 나올 듯 말 듯한 나에게 '배때기 나온 놈'이라니 분하고 섭섭했으나 '보릿자루'처럼 문을 나서고 말았다. 허나 농부의 자식인 나도 저희들만큼 농촌을 걱정하고, 독재를 싫어하고, 나라를 사랑하는데 이 마음을 몰라 주다니. 제 부모 마음도 모르는 저 아이들이 교수 마음까지 어떻게 알겠느냐며 자위하는 수밖에 도리가 없었다.

데모를 하는 날이면 총알만 날지 않을 뿐 완전히 '적'과의 한판 전쟁이다. 선발대가 달려나가 '불병'을 던지고 후퇴하면 중발대, 후발대 순으로 '공격'을 감행한다. 한차례 구호와 노래가 끝나면 또 병과 벽돌이 날고, 마침내 잠시 인내 비슷한 것을 보여 주던 전투경찰의 '지랄탄'이 날고 사과탄이 터진다. 간이 배 밖으로 나왔지, 그 전쟁터에 그날 왜 나갔단 말인가. 지랄탄의 과녁이 된 난 노란 가루를 통째로 뒤집어써서 숨을 쉴 수도 눈을 뜰 수도 없었다. 방향감각을 잃고 '병든 닭', '썩은 쥐'처럼 우두커니 서 있는데 학생들이 잡아끌어 수돗가에 처박아 주어서 겨우 살아났다. 그때 그 가루 때문에 머리털이 탈색되어 이렇게 백발이 되었는지도 모르겠다. 학생들은 투명 랩으로 눈을 가리기도 하고 마스크에 치약을 묻혀 쓰고 싸워 보지만 결국 교내로 후퇴. 이런 날은 반드시 '행주치마'도 등장한다. 처음엔 소주병, 콜라병에 휘발유, 신너를 반씩 섞어 화염병을 만들었으나 신너 값이 비싸져 삼 대 일 비율로 넣는단다. 그것에 심지를 박으면 '몰로토프 칵테일(Molotov cocktail)' 즉 화염병이 되어 살상무기가 되기도 한다. 풀숲에 숨겨 둔 병과 돌멩이는 '치마부대'가 나르고 막바지의 물통, 벽돌 깨는 일도 '잔다르크' 아가씨들이 맡아 한다. 무슨 철천지한(徹天之恨)이 맺혔다고 이렇게들 싸워야 한담.

미워하면서 배운다던가. 아침에 이를 닦으면서 나도 모르게 "오월, 그날이 다시 오면 우리 가슴에…… 피 피 피……"가 나오는 게 아닌가. 교수들의 술자리에서도 「아침 이슬」이 심심찮게 불렸을 때다. 같은 노래를 반복해서 듣다 보니 저절로 외워져 따라 부르게 된 것을 보고 반복효과가 얼마나 큰가를 새삼 깨달았다.

사자후를 토해야 할 우리 교수들은 꿀 먹은 벙어리처럼 강의만 하면서 답답한 심정, 자기 갈등, 자기 모순에 자괴감만 키울 수밖에 없었다. 정말로 암울한 질곡의 세월이었고, 삶에 강한 회의를 느끼며 그저 목숨만 부지한 긴 겨울이었다. 그놈의 밥줄이 목을 꽉 잡아매고 있으니. 해가 지면 무력감에 삼겹살집에 모여 술만 축내고 머저리 교수 신세를 한탄하기도 했으나, 강물에 떠내려가는 지푸라기 신세일 수밖에 없었다.

단과대학마다 담당형사가 한 사람씩 나와 있어서 학생과장인 나와는 친하게(?) 같이 술도 마시고 정보도 교환했으며 작전도 세워야 했다. 학생들의 동정을 나보다 더 잘 알고 있는 것을 보고 학생들 중에도 '끄나풀'이 있다는 것을 그제야 알았다. 문제(?) 교수의 강의는 녹음되고 있다는 것도 다 아는 사실이고 보니, 강의실 안에서도 밖에서도 그저 자나 깨나 입조심이다. 울적함을 풀기 위한 술자리에서도 고약한 얘기를 할 때면 주위를 둘러보는 게 습관이 되었고, 전화 목소리도 낮춰야 했다. 아, 이 글을 쓰면서도 답답한 가슴이 한 아름이다. 학생은 공부를 해야 한다고 꾸중하고 주의를 주면 그 교수는 어용교수로 몰리고, 민주교수는 형사들의 집중 감시의 대상이 되고, 교수들 사이에도 앙금이 쌓여 언쟁도 다반사로 일어났다.

바깥 사람도 드세기는 마찬가지라 학교 밖 사람들을 만나기가 무서울 정도였다. 친구들도 "학생놈들 빨갱이다", "아니다, 민주투사다" 두 패로 나뉘더니 결국 교수놈들이 무능하니 아이들이 그렇다고 애꿎은 교수들만 몰아세웠다. 또 교수 중에도 학생들을 부추기는 놈이 있다고 매도하는가 하면, 줏대도 없는 너희들이 교수냐, 교수라면 역사를 바로 보고 분연히 독재에 항거해야 한다고 몰아붙이는 친구들도 있다.

요동 치는 가슴을 '바닷속의 고요' 만큼이나 누르고 참아야 했다. 먹고 살 만한 사람은 거의가 '안정' 이요, '조선놈은 패야' 한단다. 그렇지 못한 친구들은 '정의' 요, '칼은 칼로 망한다' 고 핏대를 올린다. 샌드위치 신세니 동네북이니 하는 말은 이럴 때 쓰는 말이다. 교육자는 쩨쩨하고 점잖아야 하고, 벙어리 행세를 해야 했고, 까딱했다가는 큰일났다. 지금도 필자는 교육자답게 점잔 빼기가 가장 힘들다. 그래서 나는 '교육자' 란 말의 권위, 점잔은 다 빼 버리고 산다. 제기랄! 욕을 하든지 지랄을 떨든지 내 적성과 맞지 않는 것을 어쩌란 말인가. 교수가 다 점잖으면 아이들은 지랄 떠는 것은 어디서 배우나.

집으로 돌아와도 문제는 해결되지 않는다. 한잔 하고 죽일 놈, 살릴 놈

고함을 질러 보나 해결책이 나올 리 없다. 집사람은 욕소리가 옆집까지 들리는 것이 두려워 창문을 닫고 어떤 때는 이불까지 뒤집어씌웠다. "여보, 함부래 말조심하소"는 집사람 입에서 시시때때로 흘러나오는 말이 되고 말았다.

역사의 수레바퀴를 조금만 되돌려 보자. 대학교 2학년 때 멋도 모르고 세종로 거리를 헤맸는데 알고 보니 그게 4·19혁명이었다. 정의도 몰랐고 민주주의도 몰랐다. 언제 민주주의를 배웠어야 알지. 앞서 가니 그저 따라가는 노르웨이의 레밍 쥐에 지나지 않았다. 진명여자고등학교 삼일당 벽에 잘도 숨어 죽음을 면한 것만 다행으로 생각했는데, 그것이 민주혁명이었단다.

그렇게 민주주의라는 것을 알게 된 우리에게 5·16은 큰 좌절감을 안겨주었고, 그날 이후 30년 가까이 국방색 문화에 치를 떨어야 했다. 내가 대학교 3학년 때 시작된 군홧발 통치가 이제 대학교 3학년 학생을 가르치는 교수가 되었는데도 이어지고 있는 것이 아닌가. 강산은 몇 번이나 바뀌었으나 바뀌지 않은 것도 있다. 제행무상(諸行無常), 바뀌지 않는 것이 없다는 뜻이 아닌가.

5·16 이후 몇 년이 지난 뒤에 지금의 주민등록증을 만들 때였다. 집사람과 동사무소에 가서 신고를 하고 손도장을 찍는 등 절차를 다 밟았는데, 젊은 순경이 머리를 깎고 와야 증명서를 주겠다며 무례하게 구는 게 아닌가. 그때는 배알이 꼴렸지만 개와 싸우는 것 같아 그냥 벌레 씹은 꼴로 돌아왔는데 아직도 개운치 않은 일로 마음에 남아 있다. 시정잡배한테 험한 꼴을 당한 것처럼 분하고 씁쓸했다. 사실은 당시 단발령이 내려 머리가 긴 사람들은 닭장 신세를 지거나 머리카락을 무참히 잘릴 때였는데,

나의 유일한 저항 방법이었던 장발을 자르고 오라니 한풀 꺾이는 순간이었다. 파출소로 끌려가지 않은 것도 그나마 교사 신분이라고 봐준 것이다.

5공화국 초, 서울사범대학부속고등학교 선생을 하고 있을 때의 일이다. 운동장에서 아침 조회를 열고 있는데 우락부락한 '어깨' 셋이 교문을 들어섰다. 모든 시선이 그들에게 집중되지 않을 수 없었고, 혹시나 하고 있는데『순이 삼촌』의 저자인 현기영 선생이 잡혀가고 말았다. 현기영 선생은 나중에 나와서도 한동안 넋 잃은 사람처럼 눈동자에 생기가 없었다. 그곳에서 있었던 일에 대해서는 입도 뻥끗 않겠다는 서약서를 쓰고 나왔다는 얘기까지 덧붙이며 나중에 들려 준 얘기로는 말 그대로 생똥을 쌌다고 한다. 이렇게 독재의 멍에는 우리를 걷잡을 수 없이 옥죄고 친친 얽어 맸으며 정신까지 망가뜨리고 문드러지게 했다. 그저 '세월을 낚으며' 살았다고나 할까. 생각하면 할수록 오금이 저려 오는 세월이었다.

5공화국 말 6 · 29선언이 있기 전인 4월의 어느 날, 팔호광장 근방의 한 중국집에서 생물학과 교수 셋이 모여 빼갈을 마시면서 냅킨 위에 서명을 했다. 입닭개 위에 서명하는 실성한 교수들이 이제 더 있어서는 안 되겠다는 생각을 하며. "여보, 그럼 우리는 우찌 사요"라는 소리가 집사람의 입에서 신음처럼 새어나왔다.

　　　　　　　오늘 아침 우리 집 앞
골목에서 재미있는 일이 일어났다. 담배를 한 대 피우면
서 마당을 쓸고 있는데 골목에서 말소리가 들려왔다. "할
아버지, 그게 뭐예요?" 하는 꼬마의 질문에 그 중늙은이
의 입에서 나온 말은 의외로 "야 임마, 할아버지 아니야,
아저씨야!"였다. 그 사람도 나처럼 머리가 백발이 다 되
었는데 무척이나 늙기 싫은가 보다 싶어 속으로 웃었다.

　나도 어떤 때는 할아버지 소리를 듣고, 어떤 때는 아저
씨 소리를 듣는다. 가만히 생각해 보면 누군가가 나를 얼
굴을 중심으로 해서 보면 아저씨고, 머리를 보거나 뒤에
서 보면 확실히 '백발 할아버지'다. 홍안백발(紅顔白髮)
인 셈이다. 누군가는 흰머리카락을 '인생의 훈장'이라고
했다는데……. 내 나이 쉰넷이라, 스무 살을 한 세대로
보면 손자가 열네 살 나이가 아닌가. 실제로 고향 친구들
중에는 손자들이 초등학교에 다니고 있는 경우도 많다.

달력 나이는 할아버지고 생물학적 나이는 아저씨니, 그 반대의 경우와 비교하면 기분이 좋은 일이다. 운수행각(雲水行脚)의 마음 자세로 복장 편하게 살고 아무거나 잘 먹은 덕인 줄 안다. 친구들이 병들고 죽었다는 소식을 들을 때면 사는 것이 덧없어 큰 욕심 내지 말고 살자고 새삼 다짐을 한다. 부처님도 소욕지족(小慾知足)하라고 하지 않았던가.

인생무상을 누가 모를까마는 알고도 모르는 것이 또한 인생인가 보다. 생로병사(生老病死)의 사고(四苦)를 누가 벗어날 수 있을까마는 내일의 죽음을 모르고 사는 것이 또한 인생이다. 지금 이 나이가 지천명(知天命)의 나이니, 죽음에 대한 두려움이 그렇게 크지 않고 죽음을 담담하게 받아들일 수 있을 것 같기도 하다. 혼자 있을 때는 내가 늙은 것을 실감하지 못하다가 동창생들을 만나 그들을 거울삼아 나를 비춰 보면 섬뜩 놀라게 된다. 내가 저렇게 되었구나 하는 허무감도 느낄 때가 있다. 그러나 어떻게 인간이 항상 만화방창(萬化方暢) 춘삼월일 수가 있겠나.

나이를 먹고 늙어 가는 것은 자연스러운 일이며, 익어 가는 과실처럼 향내 나는 가을의 풍요로움이 그 속에 있는 것이 아니겠는가. 과실의 그 오묘한 원숙 속에는 겨울의 살을 에는 냉기가 스며 있고, 봄의 따뜻한 춘기가 배어 있으며, 살을 태우는 여름의 열기가 들어 있는 것이다. 노방생주(老蚌生珠)라, 늙은 조개가 진주를 낳는다고 한다. 누가 늙음을 추하다고 했던가. 늙음은 아름답기까지 하다. 눈에는 자비로움이, 몸에는 덕기(德氣)가 배어 나오고 목소리는 맷돌처럼 중후하다. 손끝에는 재기(才氣)가 넘쳐흐르고 걸음걸음마다 무게가 있고 여유가 있다. 말은 안 해도 뇌에는 길고 긴 춘풍추우(春風秋雨)의 경험이라는 소중한 정보가 가득 들어 있다. 척추에는 인고(忍苦)의 골수가 가득 차 있고……

그러나 늙으면 서럽다. 자식들이 지게를 손질하는 것 같고, 안방을 기웃거리는 것 같다고 한다. 귀엽고 순하기만 하던 며느리의 음성도 거칠어지고, 물음에 대한 답도 메아리가 없고……. 그러나 노인 고집 또한 쇠고집이라 융통성이 없어지고 노욕(老慾)이 는다고 한다.

우리 나라도 벌써 노인 문제가 큰 사회 문제로 등장하고 있다. 탑골공원까지 가지 않아도 여기저기서 떼지어 무료하게 시간을 죽이는 그들을 본다. 죽음을 기다리는 코끼리 무리 같아 보일 때가 있다. 배운 자식을 둔 부모일수록 더 서러움이 많다고 한다. "굽은 나무 선산 지키고, 병신 자식 효자 노릇한다"고, 배울수록 나만 알고 제 처자식만 아는 개인주의로 흐른다. 노송(老松)같이 고고하던 노인도 누구나 한번 쓰러지면 가야 한다. "죽음에는 급살이 제일이다"라고 한다. "자는 잠에 죽어야 할 긴데" 하시던 어머님 말씀이 생각나고 잘 죽는 것이 오복의 하나란 말에 공감하게 된다. 나무나 풀이 시나브로 찾아온 가을 찬바람에 산산이 이울듯 우리도 누구나 시들어 흙으로 돌아가야 한다. 낙엽귀근(落葉歸根)이라, 떨어진 가랑잎이 나무의 뿌리로 돌아가듯 말이다.

"긴 병에 효자 없다"고 한다. 그만큼 노인의 병수발이 힘들고 어렵다는 말이다. 내 어머님 얘기를 여기에 조금 보태 보자. 그렇게 자상하시고 영리하셨던 어머님이 나중에 알고 보니 노인성 치매셨다. 82세로 세상을 떠나시기까지 이 년 동안에 일어났던 사건(?) 몇 가지를 이야기해 보려 한다. 필자를 비롯해 이 글을 읽는 독자들도 늙으면 어떤 일이 일어날지 알 수 없는 것이고, 본인이나 가족에게 이런 일이 생기면 빨리 알아야겠기에 하는 얘기다.

사실 필자의 어머니는 생각보다 오래 사셨다. 당신이 점을 보니 59세나

63세에 세상 떠난다 하더라고, 그것을 굳게 믿고 계셨기 때문이다. 하긴 62세에 위를 4분의 3이나 자르는 위암수술을 하여 액땜을 했으니 그 점쟁이도 제법 용한 셈이다.

하루는 친척이 선물로 주신 인삼을 손수 다리시길래 며느리가 뭐라고 말씀드렸더니 "언제 네들이 내 인삼 한 번 다려 준 적이 있느냐" 하시는 게 아닌가. 암에는 인삼이 좋다고 하여 인삼을 많이 해 드렸는데도 까닭 없이 그런 서운한 말씀을 하시니 자식들로서는 섭섭한 노릇이었다. 그때도 노망이 드신 줄은 전혀 몰랐다. 그리고 내가 출근을 하면 엉뚱하게도 "할아버지 나가신다, 애들아, 나와 인사드려라"라며 당신의 손자, 손녀들을 불러내셨다. 또 창문을 활짝 열어 놓으시고 큰소리로 "낮에 짜면 일광단이요, 밤에 짜면 월광단이라…… 석탄 백탄 타는데, 이내 가슴……" 하시면서 계속 노래를 부르셨다. 그 가락은 한(恨)의 가락이었다.

여기까지만 해도 아직 초기였다. 그러더니 부산 큰댁에서 아들 몰래 도망(?)을 나갔다가 집을 찾아오지 못하는 일이 여러 번 일어났다. 그래서 형님이 '佛(불)' 자가 새겨진 목걸이에 이름, 주소, 전화번호를 써서 목에 걸어 드렸다. 당신께서 청춘을 다 보내셨던 시골에 가서는 남의 장독은 물론이고 부엌까지 들어가 밥도 훔쳐 잡수시고, 술을 찾아 정신없이 드시고는 골목에 쓰러져 얼굴에 상처까지 나는 사건도 벌어졌다. 새삼스럽게 동서들과 좋지 않았던 옛날 일들까지 끄집어내 꾸중을 하시고……. 그러니 동리 분들도 저 노인이 왜 저러실까, 저럴 분이 아닌데, 아무래도 뭐가 다르시제 하면서 노망을 예견했다고 한다. 이렇게 쏘다니시니 자식으로서 제일 큰 걱정이 교통사고였다. 끝맺음을 잘 하셔야 하는데 객사나 하실까 봐 노심초사했다.

세상 떠나시기 일 년 전쯤에는 서울에도 겨우 오실 정도로 몸이 수척해
지셨고, 그때는 노망임을 자식들도 다 알게 되었다. 좀전에 하신 말씀도
"언제 내가 그런 소리 했냐" 하실 정도로 기억력이 없어지셨고, 눈에는 생
기가 없어지고 얼굴에는 미소가 사라졌다. 언젠가는 이런 어머님의 손을
붙잡고 얼마나 울었는지 모른다. 내 어머니가 왜 이렇게 되셨나 생각하니
억장이 무너지는 것 같았다. 그러나 어머니는 내 손을 잡은 채로 "와이라
요, 괜찮소, 울지 마소" 하면서 천연(天然)하시기만 했다. 지금도 그 음성
이 귓가에 생생하고, 무심한 그 표정이 눈에 어른거린다. 불효한 자식은
자책감에 몸이 굳어진다.

이 정도는 약과다. 마지막 육 개월 동안은 서울에도 못 오시고 큰집에
서 감금 아닌 감금생활을 하셨다. 기운도 기운이지만 우선 정신이 없으시
니 도망 못 가시게 지키기까지 해야 했다. 방바닥에 홈을 파서 거기에 성
냥개비를 모아 놓고 불을 지르기도 하고, 이불에 소변을 보기 시작하셨
다. 심심하면 짝도 맞지 않는 화투를 꺼내 놓고 두 장씩 짝 맞추기를 하다
가 중간에 얼른 쓸어 버리고, 어떤 날은 하루 종일 화투만 만지셨다. 앞집
에서 어디선가 똥이 날아온다고 불평을 했다는데 그것이 어머님 것이라
는 것도 나중에 알았다. 이렇게 늙으면 다시 장난기 넘치는 어린아이가
되는 모양이다. 노망이 들면 벽에 똥칠을 한다더니 그게 사실이었다. 한
번은 질녀들의 화장품병이 없어져 여기저기 찾아보니 다 마셔 버린 빈 병
이 어머니 방에 쌓여 있었다고 한다. 평소에 박카스를 무척 좋아하셨는데
화장품을 음료수로 아셨던 모양이다.

노인은 부랑하다고, 아무리 기저귀를 채워 드리려고 해도 부랑기를 부
리는 고집쟁이가 되셨다. 이불과 요에 계속 변을 묻혀 내니 형수는 애만

태우고, 기저귀만 차고 계셔도 음식을 얼마든지 드릴 텐데 그러지 못하니 죽을 지경이었다. 그러니 본인은 얼마나 허기지셨을까 짐작이 간다. 못할 소리지만 쉽게 세상을 떠나실 것 같지도 않았다. 하루는 어머님 앞에 만 원, 천 원, 십 원짜리를 놓아 드렸더니 한번 쭉 만져 보시고는 "소용없소, 가져가소" 하시면서 내미셨다. 그렇게 원하셨던 돈인데도. 늙으면 돈도 무용지물인 종이 조각이 되는가 보다.

그러나 그렇게 정신이 없으셔도 내가 당신 자식이고, 사랑하는 아들인 것은 알고 계셨다. 말씀은 잘 안 하셔도 내 얼굴을 '귀신 손으로' 만지시면서 "예쁘오" 하실 때 이 자식의 마음은 갈기갈기 찢어지고 있었다. 아, 이러시다 세상 떠나시겠지 하는 생각이 들면 미칠 것 같았다. 옛날에는 서울만 오시면 "애야, 나 돈 좀 다오" 하셔서 처 몰래 손에 돈을 쥐어 드렸고, 또 여윳돈이 있으면 몰래몰래 모아 드렸다. 그때마다 "어멈한테는 말하지 말아라" 다짐을 두셨다. 며느리가 용돈을 드렸지만 부족했고, 그래서 내가 살짝 드린 것을 처가 모두 이해해 주어서 고맙게 생각하고 있다 (어머니가 떠나신 후에야 고백한 일이다). 그렇게 원했던 돈을 보고서도 '소용없소' 하시니, 왜 진작 건강하실 때 더 많이 못 드렸을까, 피를 팔아서라도 드렸어야 했는데…… 삶은 후회만 남기는 것인가 보다.

어버이 살았을 때 섬기기를 다하여라, 지나간 후엔 애닯다 어이하리……. 오늘따라 "죽어 큰상보다는 살아 한잔 술이 더 낫다(死後大卓不如生前一杯酒)"는 말이 왜 이렇게 가슴에 와 닿는지 모르겠다.

똥이 금이다

천석고황(泉石膏肓)이란 말이 있다. '천석'은 샘물과 돌이라 자연을 의미하고, '고황'은 나을 수 없는 불치의 병이란 뜻이니, 자연 사랑이 병적이라 할 만큼 깊다는 뜻이다.

자연은 참 아름다운 것이다. 그런데 비행기를 타고 아래를 내려다보면 손바닥만한 들판과 점 같은 마을, 한주먹밖에 안 되어 보이는 도시들이 눈에 거슬린다. 원래 그 자리는 모두 푸른 나무숲이 아니었던가. 일만 년 전만 해도 모두 숲이었던 곳이 들판으로 둔갑한 것이다. 여름 들판은 그래도 녹색이라 괜찮지만 겨울 들판은 죽은 땅이고, 도시가 있는 곳은 면도칼로 싹싹 문질러 버리고 그 자리에 나무를 심었으면 하는 마음이 든다. 옛날 옛날 먼 옛날에는 그 숲에서 남자들은 토끼를 잡고 아녀자들은 도토리를 주워 아이를 키우며 살아가지 않았던가. 멀리 갈 것도 없이 600여 년 전 조선이 개국했을 때 이 땅의 인구는 몇이었으며 그때 우리 땅은 어떤 모습이었을까 궁금하다.

생물은 원래 자기에게 해가 돌아올 정도로 환경에 손상을 입히지는 않는다고 하는데 유독 사람만은 예외다. 인간은 거만하기 때문이다. 이 지구를 제 것으로 알고 있다. 지렁이도 나비도 새도 살아야 하는 그들의 지구이기도 한데 말이다. 쏟아져 나오는 쓰레기만 해도 더 이상 묻을 곳이 없고 태울 곳이 없어 야단이다. 인구가 많은 것도 문제지만 인구의 집중에서 오는 부작용이 더 크다. 그래서 아파트가 우후죽순 격으로 하루가 다르게 늘어나고, 단독주택에서는 화단에 버릴 쓰레기가 비닐에 싸여 실려 나간다.

필자가 어릴 때만 해도 자연계의 순환 질서가 그대로 지켜졌다. 설거지 통에서 나오는 구정물은 쇠죽을 끓이거나 돼지 먹이가 됐고, 과일 껍질, 콩깍지, 감자 껍질도 소, 돼지가 먹었다. 또 사람들이 먹던 음식, 생선뼈는 개나 닭의 먹이가 되었다. 오줌·똥은 썩여 밭으로 보내고, 소나 돼지의 우리에서 나온 것들은 밑거름이 되었다. 요새 말로 리사이클링(recycling, 재활용)이 잘 되고 있었던 것이다. 1950년대 후반, 필자가 진주에서 고등학교에 다닐 때만 해도 사람 똥은 금이었다. 진주에서 가까운 농가의 농부들은 매달 똥장군으로 똥을 퍼 갔고, 가을에 콩 몇 말을 그 값으로 쳐 주었다. "집의 똥 내 주이소"는 지나치면서 들었던 옆집 아주머니와 검게 탄 농부의 대화였다.

어린 시절 밤이 영글 때면 남보다 먼저 일어나 밤나무 밑으로 달려갔고, 감철에는 홍시를 주으러 감나무 밭으로 내달았다. 가을에는 들에서 벼이삭을 주웠고, 겨울이면 개똥망태 어깨에 메고 온 동네를 돌아다니며 개똥을 주워 모았다. 개똥을 찾아 두리번거리던 그때 그 모습을 생각하면 지금도 웃음이 나온다. 이빨을 소금으로 몇 번 문지르고 헹구어 낸 허드렛물도 버리지 않고 모아서 가축의 염분 공급원으로 썼던 시절이었다.

개똥도 약에 쓰려면 없다고 했던가. 그런데 약이 되는 개똥이 따로 있으니, 흰 개의 흰 개똥이 좋았던 모양이다. 그래서 "똥 누면 분칠해 말려 두겠다"라는, 노랭이 심보를 가진 사람을 빗댄 말까지 생겨난 모양이다. 시골에서는 허리나 팔다리 뼈를 다치면 똥술을 해 먹었고 또 똥을 환부에 붙이곤 했다. 똥 먹은 똥돼지 얘기는 들었어도 똥 먹은 '똥사람' 얘기는 처음 듣는 이도 많을 것이다. 시집 갈 때까지 쌀 한 말만 먹어도 부자 소리를 들었다는 제주도에서는 똥돼지를 키웠고, 시골의 똥개도 비슷한 처지였다. 마당에서 아이가 똥을 누면 그것은 강아지 차지였고, 항문에 묻은 똥까지 핥아 먹어 밑씻개가 따로 필요 없었다. 정말로 먹을 것이 부족했던 어린 시절 얘기로, 겨우 반백년이 지났을 뿐인데 까마득한 옛이야기가 되고 말았다. 보릿겨로 개떡을 만들어 먹던 일도, 덜 익은 벼를 쪄 바지춤에 넣고 다니면서 질금질금 씹어 먹던 이야기도, 강에서 잡은 가재와 새우, 다슬기, 피라미 새끼가 주된 단백질원이었던 것도, 모두가 그 시절을 비참하게 느끼게 하지만 그래도 그때가 그립고 좋았다. 그렇게 척박한 땅에서 조상들이 살았고, 살다가 죽었다.

내가 태어난 1940년대만 해도 우리 나라 사람들의 평균수명이 40세가 못 되었다. 그래서 인생칠십고래희(人生七十古來稀)라는 말처럼 칠십을 사는 이가 드물었는데, 지금은 남녀 평균수명이 칠십이 넘는다. 물이 어떻고, 방부제가 어떻고, 발암물질이 어떻고 야단을 치면서도 이렇게 오래 살게 된 까닭은 도대체 무엇일까.

옛날에 내 나이면 허리가 굽어 지팡이 신세를 져야 했다. 아마 마을에서 상노인 행세를 했을 것이다. 이렇게 오래 살게 된 것은 뭐니뭐니해도 음식의 질이 좋아졌기 때문일 것이다. 특히 단백질과 지방의 섭취가 늘면서 몸의 저항력이 높아져 병에 걸려도 빨리 낫게 된 탓이다. 좋은 약과 의술, 위생적인 환경 이 모두가 한몫을 한 것은 사실이지만, 보약 중에 제일은 식보(食補)라고 음식이 가장 큰 역할을 한다. 사는 것은 더 각박해지고 경쟁은 치열해져도 먹는 것이 나아진 덕에 노인 문제가 사회 문제로 떠오를 지경에 이르렀다. 그러나 아직도 점심을 굶는 아이들이 있고, 답십리 굴다리 옆에는 점심을 얻어먹으려는 노인들이 줄을 서 있다.

가난은 나라도 구제하지 못한다고 하지만, 저 어려운 밑바닥 삶을 사는 사람들에게 눈을 돌리는 정책도 나올 때가 되지 않았나 싶다. 백 명 중 한 사람이 절대빈곤자인 우리 나라의 현실을 바로 보는 바른 마음[直心]이 담긴 정책을 펴야 할 것이다. 종교인들은 교회와 법당만 지으면 제 할 도리를 다한 것으로 생각하는 모양인데 절대 그렇지 않다. 어느 교회는 신도가 70만 명이 넘어 세계 제일의 기록을 세웠다지만, 자가용을 탄 신도가 대부분인 교회는 더 이상 교회일 수 없다. 병든 사람이 없는, 사람의 영혼을 구하는 곳이 참 절이요, 참 예배당이다. 그래도 우리에게 세계에 자랑할 만한 규모의 교회가 있다는 것이 기쁜 일일까?

우리는 당장 눈앞의 일만 생각하고 내일을 생각하지 않았기에 남들은 이미 경험한 '환경 문제'가 이제서야 심각한 문제로 등장하게 되었다. 채집을 다녀 보면 나라 곳곳이 상한 것을 많이 본다. 시골도 예외가 아니다. 연탄재, 비닐, 빈 농약병, 빈 깡통 등 오물이 이 강산을 뒤덮고 있다. 섬역시 마찬가지다. 강과 내에는 발도 들여 놓지 못할 곳이 많다. 바다도 마찬가지라 쓰레기의 바다가 되었고 남해안과 서해안은 이루 다 형용하기 어려울 정도다.

어떻게 하면 이 상처들을 아물게 할까? 공단 근방의 소나무들은 거의가 죽을 지경이고, 강은 붕어조차 살기 어려운 곳이 많으며, 밭은 지렁이가 없어질 정도이다. 공기는 폐암을 일으키고, 물은 썩어 마시지도 못한다니 이 일을 어떻게 하면 좋을까. 지구를 떠날 수도 없는 일이고, 어떻게하든 죽어 가는 지구를 살려야 한다. 아무리 공해 운운해도 우리 세대와자식 세대까지는 문제없이 살아갈 수 있겠으나, 그 다음 세대가 걱정이다. 아무래도 무슨 수를 써야 한다. 늙은이들만 잘 먹고 잘 살다 가고 우리는 어떻게 살라고 지구를 이 모양으로 만들어 놨느냐는 후손들의 원망을 듣지 않기 위해서라도 시작을 알리는 디딤돌을 놓아야 한다.

몇 년 전만 해도 공해 운운하는 사람들에게 "배고픈데 맹물만 마시고살려느냐", "공장을 지어 수출을 해야 먹고 살지"라며 면박을 주고 죄인시하여 잡아 가두기까지 했고, 물이 오염됐다는 실험결과는 발표도 못 하게 막았던 시절이 있었다. 정말 답답한 시대였다. 그러니 앞날을 꿰뚫어보고 신념을 갖고 싸워 왔던, 우리 강원대학교 출신의 환경운동가 최열같은 사람은 한때 기행(奇行)의 주인공인 '미친놈'으로 치부되기도 했다. 알고 보면 이 세상은 미친 괴짜들이 바꿔 왔고, 앞으로도 선배와 스승이라는 걸림돌을 치우고 뒤집어엎는 하극상이 계속될 때 이 지구(세상)는 바뀌어 갈 것이다. 혁명(revolution) 없는 진화(evolution)는 없는 법이니까.

지금도 늦지 않았다. 자연도 사람처럼 모질고 끈질겨, 죽을 것 같던 사람이 멀쩡하게 되살아나듯이 자연도 억척스런 회복력(복원력)을 가지고있다. 이라크의 미사일 공격에 쿠웨이트의 기름이 몇 달 동안 걸프만으로흘러들어간 일이 있었다. 당시에는 물새, 물고기, 산호 등이 떼죽음을 당

했으나 일 년 후에는 예전처럼 깨끗이 복원되었다는 기사를 『타임』지에
서 읽었다. 우리 나라의 어느 강에서도 계속 단속하고 계몽했더니 없어진
줄 알았던 가재, 피라미가 다시 나타났다고 한다. 가정 폐수는 주부들이,
공장 폐수는 사장들이, 낚시터의 보호는 낚시꾼들이 사명감을 가지고 최
선을 다해 보자. 우리 모두 환경을 지키는 파수꾼이 되어야 한다. 이제
"한 나라의 흥망에 필부도 그 책임이 있다〔國家興亡 匹夫有責〕"고 한 말을
되씹어 봐야 하겠다. 상처는 아물고 다시 살아날 것이다. 더 늦으면 자연
도 못 참고 결딴난다. 우리 모두 소매를 걷어붙이고 자연을 살리는 데 앞
장서자.